여행길에 만난 나무 이야기

길 위에서 만나 나무, 그 나무가 전하는 이야기

여행길에 만난 나무 이야기

초판 1쇄 인쇄일 2025년 3월 10일
초판 1쇄 발행일 2025년 3월 17일

지은이 백종서 신동숙
펴낸이 양옥매
디자인 송다희 표지혜
마케팅 송용호
교　정 조준경

펴낸곳 도서출판 책과나무
출판등록 제2012-000376
주소 서울특별시 마포구 방울내로 79 이노빌딩 302호
대표전화 02.372.1537　**팩스** 02.372.1538
이메일 booknamu2007@naver.com
홈페이지 www.booknamu.com
ISBN 979-11-6752-596-3 (13980)

길 위에서 만난 나무,
그 나무가 전하는 이야기

나무이야기
- 여행길에 만난 -

백종서 · 진동숙 지음

책과나무

나무가 주는 선물에 대한,
그 고마움의 크기를 더해가는 공부

거주지인 김포를 중심으로 처음에는 집 근처 공원부터 시작하여 가까운 모담산과 가현산, 그리고 파주의 심학산 둘레길 등 크게 힘들이지 않고도 산책 겸 운동할 수 있는 곳들을 찾았습니다. 물론 스스로 나선 것은 아니고, 아내의 성화에 못 이겨 마지못해 따라나서면서부터입니다. 공원에 식재된 형형색색의 아름다운 꽃들과 길섶의 풀꽃, 그리고 이름 모를 야생화를 보며 계절의 시작과 끝을 알아채는 일이 어느 순간 빼놓을 수 없는 일과로 때론 기쁨으로 자리하면서 둘만의 나무 여행이 시작되었습니다. 자연스럽게 꽃들의 이름과 개화 시기가 궁금해졌고, 하나하나 알아가는 과정에서 초본류에서 목본류로 관심이 이어졌습니다.

경기도교육청 지정 생태 체험학습장 운영 학교인 김포 고창초등학교에서 3년 동안 생태 체험학습장을 운영하며 본격적인 나무 공부를 시작했습니다. 우선 학교 울타리 안에 있는 나무와 초본류의 이름 정도는 알아야 했기에 수목 배치도를 그리고 하나하나 외워 가며 필요한 자료를 만들어 갔습니다. 수피의 특징과 나뭇잎의 생김새, 꽃이 피고 열매가 맺히는 시기, 그리고 나무 이름의 유래 등 해야 할 공부가 너무 많았습니다. 궁리 끝에 나무와 관련된 도서들을 찾아 읽기 시작하면서 어렴풋이나마 체계를 세울 수 있었는데, 그때 격려와 응원을 아끼지 않았던 주변 지인들의 도움이 컸습니다.

「여행길에 만난 나무 이야기」는 여행지에서 가까운 곳에 위치한 보호수나 천연기념물로 지정된 큰 나무들을 중심으로 시작했습니다. 어딜 가도 좋은 곳이 너무 많아 날씨와 계절에 관계없이 여행길은 늘 설레고 즐거웠습니다. 가까운 곳은 평일에, 좀 더 먼 곳은 주말을 이용했으며, 숙박이 필요한 곳은 여름방학과 겨울방학을 이용하여 비교적 여유롭게 다녔습니다. 요즘은 워낙 가족여행을 자주 하다 보니 여행지 선정에 신중을 기했습니다. 물론 가까운 곳에 큰 나무가 있어야 하지만, 자녀들과 함께하는 경우가 많아 가능하면 교육적 의미를 담고 있거나 접근성이 좋고 입장료나 주차료가 무료인 여행지를 선택했습니다. 선정한 여행지 주변의 잘 알려지거나 숨은 명소들은 따로 추천 코스로 포스팅하였고, 이야기는 짧고 간결하게 썼습니다.

둘러보고 싶은 곳이 많았던 집사람이 평소 꼼꼼하게 정리해 둔 버킷리스트 속 여행지들을 함께 다닌 지도 어느덧 5년, 체력과 건강이 허락하는 한 가능하면 오래도록 나무 여행을 이어갈 생각입니다.

백종서

충청북도

충청남도

전라북도

경상북도

경상남도

부산광역시

제주도

제1장

서울특별시

1. 봉은사 (서울특별시 강남구 봉은사로 531)

삼성동 코엑스 뒤편에 있는 도심 속 천년고찰 봉은사(奉恩寺)는 신라 시대의 고승 연희국사가 견성사(見性寺)란 이름으로 창건했다고 전해집니다. 이후 고려와 조선을 거치며 현재의 봉은사로 자리 잡았습니다.

봉은사에는 보물 2점과 성보문화재 40점이 소장되어 있으며, 특히 추사 김정희가 쓴 '봉은사(奉恩寺)' 현판이 걸려 있는 판전(板殿)은 문화적으로도 중요한 가치를 지닙니다. 이곳에는 화엄경, 금강경 등 13가지 불경 경판 3,479판이 보관되어 있어 한국 불교의 경전 연구 및 역사적 자료로서도 중요한 역할을 합니다.

근교 추천 ❶ 코엑스센터(40m) ❷ 별마당도서관(657m) ❸ 선릉과 정릉(1.7km) ❹ 도산공원(3km)

방문 정보 **주차 :** 인근 유료주차장 | **이용 입장료 :** 무료 | **관람시간 :** 상시 개방

━ 봉은사 모과나무(100년~)

봉은사 경내에 있는 수형 좋은 모과나무의 정확한 나이는 알 수 없지만, 수령이 족히 100년은 넘었을 아름드리 나무입니다. 가을이 되면 노랗게 잘 익은 모과 열매

가 탐스럽게 열리는데, 그 모양이 참외를 닮았다고 하여 과거에는 '목과(木瓜)', 즉 '나무에서 열리는 참외'라는 뜻으로 불렸습니다. 이후 이 단어가 변형되어 오늘날의 '모과'라는 명칭이 되었다고 전해집니다.

모과는 생으로 먹기에는 떫고 신맛이 강하지만, 뛰어난 향과 효능 덕분에 모과청이나 드레싱 등으로 활용됩니다. 또한 그 특유의 깊고 은은한 향으로 인해 예로부터 차량 방향제나 방향 주머니로도 널리 사용되어 왔습니다.

봉은사의 모과나무는 단순한 식물이 아니라, 오랜 역사와 문화가 깃든 자연의 일부로서 방문객들에게 깊은 인상을 남기는 명소 중 하나입니다.

여행길에 만난 나무 이야기

2. 응봉산(서울특별시 성동구 금호동 4)

서울특별시 성동구에 위치한 응봉산은 높이 81m의 야트막한 산입니다. 하지만 이곳은 대표적인 한강 조망 장소로 유명하며, 감탄을 자아낼 만큼 아름다운 경치를 내어주는 곳으로 서울의 대표적 걷고 싶은 길로 꼽히는 '서울숲 남산 나들길'의 중요 지점이기도 합니다. 매년 3월이면 개나리 축제가 열려 산 전체가 노란 물결로 뒤덮이며, 이 시기에는 봄을 만끽하려는 방문객들로 북적입니다. 응봉산 팔각정은 서울에서도 손에 꼽는 야경과 해맞이의 명소로도 잘 알려져 있습니다.

근교 추천 **❶** 서울특별시수도박물관(3.2km) **❷** 서울숲공원(3.2km) **❸** 살곶이다리(5.5km)

방문 정보 **주차 :** 공영주차장 (1시간 1,200원) | **입장료 :** 무료 | **관람시간 :** 상시 개방

― 수도박물관 느티나무 보호수(서4-5 보호수)

　　수도박물관 내에 자리한 느티나무 보호수는 오랜 역사를 간직한 문화적 가치가
높은 나무입니다. 1982년 11월 22일 보호수로 지정될 당시, 수령이 약 300년으로
추정되었으며, 현재까지도 건강하게 자리를 지키고 있습니다.

한국 전통 경관에서 중요한 요소로 여겨지는 느티나무는 마을 정자나무나 당산나무로서 공동체의 상징적 역할을 해왔으며, 수도박물관의 보호수 또한 시민과 연구자들에게 의미 있는 자연 문화재로 자리하고 있습니다.

3. 낙성대공원 (서울특별시 관악구 낙성대로 77)

낙성대공원은 고려 시대 명장 강감찬 장군(948~1031)을 기리기 위해 조성된 역사공원으로, 그의 출생지로 전해지는 뜻깊은 장소입니다. '낙성대(落星垈)'라는 이름은 장군이 태어난 곳에 별이 떨어졌다는 전설에서 유래되었습니다.

강감찬 장군은 고려-거란 전쟁에서 빛나는 승리를 거두었으며, 특히 1019년 귀주대첩에서 거란군을 대파하여 국가를 수호한 업적으로 널리 알려져 있습니다. 현재 공원 내에는 장군을 기리는 동상과 사당(안국사)이 조성되어 있어 역사적 의미를 더하고 있습니다.

근교 추천 ❶ 국립중앙박물관(8.4km) ❷ 서울특별시교육청과학전시관남산분관(13km)

방문 정보 **주차** : 인근 유료 주차장 이용 | **입장료** : 무료 | **관람시간** : 09:00~18:00

— 신림동 굴참나무(천연기념물 제271호)

　수령 약 1,000년으로 추정되는 신림동 굴참나무는 고려 시대 명장 강감찬 장군과 관련된 전설을 지닌 나무입니다. 장군이 이곳을 지나며 지팡이를 꽂아 두었고, 그것이 자라 지금의 나무가 되었다는 설화가 전해집니다.

도토리가 열리는 참나무류는 예로부터 쓰임새가 많아 다양한 용도로 활용되어 왔으며, 신림동 굴참나무처럼 수형이 아름답고 수관폭(나뭇가지와 잎이 무성한 부분의 좌우 폭)이 넓은 노거수(老巨樹)는 이제 거의 찾아보기 어려운 실정입니다. 그럼에도 불구하고 신림동 굴참나무는 오랜 세월 동안 관심과 보살핌 속에 잘 살아온 나무이기에 민속적, 생물학적 자료로서의 가치를 인정받아 천연기념물로 지정되어 보호받고 있습니다.

아쉬운 점은 이 나무가 있는 곳이 2차 건영아파트 단지 내에 있어 입주민들의 쓰레기 분리배출 장소와 가깝고, 차량 주차 공간으로 이용되고 있어 좀 더 세심한 주의와 관리가 필요해 보입니다.

낙성대공원에서 신림동 굴참나무까지의 거리는 약 6.4km입니다.

여행길에 만난 나무 이야기

4. 서울 한방진흥센터 (서울특별시 동대문구 약령중앙로 26)

서울한방진흥센터는 한국의 전통 의학인 한의학을 중심으로 다양한 체험과 교육 프로그램을 제공하는 한방 복합 문화 공간입니다. 박물관 관람을 비롯해 약초 족욕 체험, 보제원 체험, 약선 음식 체험, 한방 공작소 등 한방 문화를 직접 경험할 수 있는 다채로운 프로그램이 마련되어 있습니다.

아름다운 한옥으로 지어져 머무르는 것만으로도 몸과 마음에 휴식을 가져다주며, 국내 최대 약재 시장인 서울 약령시 내에 위치해 있어 품질 좋은 건강식품을 구매할 수 있습니다. 또한, 한방 진료가 가능해 문화·여행의 즐거움뿐만 아니라 건강까지 보살필 수 있는 곳입니다.

근교 추천   ❶ 경동시장(1.3km)   ❷ 홍릉수목원(1.9km)   ❸ 세종대왕기념관(2km)

방문 정보   **주차** : 인근 유료 주차장 이용 | **입장료** : 성인 1,000원 어린이 500원 |
           관람시간 : 10:00~18:00 / 매주 월요일 휴관

─ 선농단 향나무(천연기념물 제240호)

서울 동대문구 제기2동 274-1에 위치한 선농단 향나무는 우리 조상들의 문화와 관련된 자료로서 가치가 클 뿐만 아니라, 500년이라는 오랜 세월 동안 살아온 나무로서 생물학적 보존가치가 높아 천연기념물로 지정·보호되고 있습니다.

여행길에 만난 나무 이야기

'설렁탕' 하면 우리는 으레 선농단을 떠올립니다. 임금이 제사를 지내고 직접 밭을 가는 시범을 보이는 친경의례가 거행되었던 선농단에서 설렁탕이란 말이 유래되었기 때문입니다. 선농단 향나무는 이러한 선농제 때 향불로 쓰기 위해 심었을 것으로 추정됩니다.

서울 한방진흥센터에서 선농당 향나무까지의 거리는 약 1.5km로, 한방과 역사적 문화가 조화를 이루는 명소입니다.

5. 리움미술관 (서울특별시 용산구 이태원로55길 60-16)

리움미술관은 삼성그룹 창업주이자 소문난 미술 애호가였던 이병철 회장의 성(Lee)과 뮤지엄 (museum)의 um을 결합해 리움(Leeum)이라는 이름을 갖게 되었습니다. 이 미술관은 한국 전통 미술과 현대 미술을 아우르는 뛰어난 컬렉션을 보유하고 있으며, 범삼성가 가족들이 한국 고미 술에 대한 깊은 애정을 반영해 설립한 공간입니다. 이러한 배경 덕분에 리움미술관은 한국 전통 미술과 현대미술을 대표하는 한국 정상급의 미술관으로 평가받고 있습니다.

근교 추천	❶ 전쟁기념관어린이박물관(2.4km) ❷ 국립중앙박물관(4.4km)
방문 정보	**주차** : 인근 유료 주차장 이용 ┃ **입장료** : 무료 ┃ **관람시간** : 10:00~18:00 / 매주 월요일 휴관

─ 비술나무(용산구 비술나무 보호수 두 그루 서3-10 / 서3-11)

　서울 용산구 원효로 1가 25에 자리한 두 그루의 비술나무는 보호수로 지정되어 있으며, 수령은 약 170년 입니다. '비술나무'라는 이름은 함경도 방언에서 유래한 것으로, 함경도에서는 닭의 벼슬을 '비슬'이라 부르는데, 이 나무의 열매가 닭의 벼

비술나무 꽃   비술나무 열매   비술나무 잎

슬과 닮아 붙여진 명칭입니다.

　비술나무는 북방계 식물로, 지구온난화가 가속화될 경우 우리나라에서 점차 자생하기 어려워질 가능성이 있기에 귀한 수종이기도 합니다. 현재 전국적으로 보호수로 지정된 비술나무는 총 17그루에 불과합니다.

　리움미술관에서 원효로 1가 25에 위치한 비술나무까지의 거리는 약 3.8km입니다.

　　　　　　　　　　　　　　　　　　　여행길에 만난 나무 이야기

6. 성균관 명륜당
(서울특별시 종로구 성균관로 25-1)

명륜당은 성균관의 유생들이 학문을 연마하고 가르침을 받던 중심 교육 공간으로, 왕이 직접 유생들에게 강시(講試)한 장소이기도 합니다. '명륜(明倫)'이라는 이름은 삼강오륜을 비롯한 인간의 도리를 밝히는 성균관의 역할에서 유래하였습니다.

이 건물은 장방형 구조로 이루어져 있으며, 성균관 내에 있는 유생들의 기숙사였던 동재와 서재를 합쳐 총 28개방 48칸으로 구성되어 있습니다. 유서 깊은 명륜당은 천 원 지폐에도 나와 있습니다. 퇴계 이황 선생의 초상 옆에 보이는 기와집의 현판을 읽어보면 '명륜당(明倫堂)'이라는 글씨를 확인할 수 있습니다.

근교 추천   ❶ 북촌한옥마을(2.5km)   ❷ 경복궁(3.7km)   ❸ 국립중앙박물관(10km)

방문 정보   **주차** : 인근 유료 주차장 이용 | **입장료** : 무료 | **관람시간** : 09:00～18:00

— 문묘 은행나무(천연기념물 제59호)

　예로부터 은행나무는 유교를 상징하는 나무로, 공자가 은행나무 아래에서 제자들을 가르쳤다는 행단(杏壇)을 상징하여 우리나라 성균관과 향교에는 모두 은행나무를 심었습니다. 수령 500년의 문묘 은행나무는 조선 중종 14년, 대사성 윤탁이 심었다고 전해집니다.

　문묘 은행나무는 임진왜란 당시 불에 타 없어졌던 문묘를 다시 세울 때 함께 심어진 것으로 추정됩니다. 그 역사적 가치를 인정받아 1962년 천연기념물 제59호로 지정되었습니다.

　대학캠퍼스는 서울에서 도시의 단풍을 즐기기 좋은 장소 중 하나입니다. 특히 명

여행길에 만난 나무 이야기

룬당이 있는 성균관대학교는 은행나무 외에도 아름드리 회화나무, 느티나무, 말채나무, 팥배나무 등 다양한 수종의 고목들이 마당을 두르듯 서 있습니다. 캠퍼스 후문에서 삼청동으로 연결되는 길과 와룡공원으로 갈 수 있는 성곽길 등 가볍게 산책하기에 더없이 좋은 곳이기도 합니다.

7. 창덕궁 (서울특별시 종로구 율곡로 99)

1592년(선조25) 임진왜란으로 모든 궁궐이 소실된 후, 광해군 때에 재건된 창덕궁은 1867년 흥선대원군에 의해 경복궁이 중건되기 전까지 조선의 법궁(法宮) 역할을 하였으며, 조선의 궁궐 중 가장 오랜 기간 동안 임금들이 거처했던 궁궐입니다. 또한 현재 남아있는 조선의 궁궐 중 그 원형이 가장 잘 보존되어 있는 창덕궁은 자연과의 조화로운 배치와 한국의 정서가 담겨있다는 점에서, 1997년 유네스코 세계유산으로 등재되었습니다.

근교 추천	❶ 헌법재판소(599m) ❷ 조계사(1.3km) ❸ 인사동(1.5km) ❹ 창경궁(2.7km)
방문 정보	**주차** : 인근 유료 주차장 이용 ┃ **입장료** : 전각 3,000원 / 후원 5,000원 ┃ **관람시간** : 09:00~18:00 / 매주 월요일 휴무

─ 창덕궁 뽕나무(천연기념물 제471호)

　농본 사회였던 조선은 예로부터 농사와 함께 양잠을 중요시하였습니다. 백성들에게 양잠을 권장하기 위해 궁궐 후원에 뽕나무를 심고 왕비가 직접 누에를 치는 시범을 보였다고 합니다.

뽕나무 꽃   뽕나무 열매   뽕나무 잎

　창덕궁 후원에 자리한 수령 400년의 뽕나무는 궁궐 역사의 한 단면을 보여주는
중요한 수목으로, 뽕나무로서는 보기 드문 노거수일 뿐만 아니라, 창덕궁 내 뽕나
무 중에서 가장 규모가 크고 수형이 아름다워 2006년 천연기념물 제471호로 지정
되었습니다.

　뽕나무는 열매인 오디를 따 먹으면 소화가 잘되어 방귀가 '뽕뽕' 나온다는 데서
유래한 이름입니다. 나무는 가구재로 활용되며, 잎사귀는 누에의 사료로 사용됩니
다. 최근에는 열매, 잎, 뿌리가 당뇨, 신경통, 해열, 고혈압 등에 효능이 좋아 약재
로도 널리 이용되고 있습니다.

━ 창덕궁 향나무(천연기념물 제194호)

창덕궁 향나무는 돈화문에서 왼쪽 담을 따라 약 150m쯤 이동하면 선원전으로 가는 길목에 자리하고 있습니다. 수령이 약 700년 정도로 추정되는 이 나무는 마치 용이 하늘을 오르는 듯한 형상을 하고 있으며, 창덕궁에서 가장 오래된 나무이기도 합니다.

— 창덕궁 회화나무 군(천연기념물 제472호)

다래나무(천연기념물 제251호)

창덕궁 돈화문을 중심으로 좌우에 각각 네 그루씩 여덟 그루가 심어진 회화나무 군은 수령 약 300~400년으로 추정됩니다. 예로부터 학문과 덕을 상징하는 나무로, 궁궐이나 유학의 중심지에 자주 식재되었습니다. 이 회화나무 군은 2006년 천연기념물 제472호로 지정되었습니다.

창덕궁에는 국가 천연기념물로 지정된 뽕나무, 향나무, 회화나무 군 외에 나이 600년으로 추정되는 우리나라에서 가장 크고 오래된 다래나무도 있습니다. 자연산 다래를 조경용으로 옮겨 심었다고 전해지며, 천연기념물 제251호로 보호 차원에서 일반인에겐 공개하지 않아 볼 수 없습니다.

一 재동 백송(천연기념물 제8호)

천연기념물 제8호인 재동 백송은 수령 약 600년으로 추정되며, 우리나라에서 자라는 백송 중 둘째로 큰 나무로, 중국을 왕래하던 사신들이 묘목을 가져다 심은 것으로 전해집니다.

백송은 어린 나무일 때 나무껍질이 회녹색을 띠며, 성장하면서 점차 벗겨져 회백색으로 변하고 나이가 들수록 더욱 희어집니다. 또한, 일반적인 소나무와 달리 잎이 세 개씩 뭉쳐 자라기 때문에 삼엽송(三葉松) 이라고도 불립니다.

창덕궁에서 재동 백송이 있는 종로구 북촌로 15에 위치한 헌법재판소까지의 거리는 약 500m입니다.

여행길에 만난 나무 이야기

─ 조계사 백송(천연기념물 제9호)

　　1938년 창건된 조계사에는 역사적 가치를 지닌 두 그루의 명품 보호수가 자리하고 있습니다. 그중 하나인 조계사 백송은 수령 약 500년으로, 조선시대 중국을 왕래하던 사신들이 가져와 심은 것으로 전해집니다.

　　창덕궁에서 조계사(종로구 우정국로 55)까지의 거리는 약 1km이며, 헌법재판소에서는 약 500m 정도 떨어져 있습니다.

ㅡ 조계사 회화나무

조계사 마당에는 수령 450년 된 회화나무가 자리하고 있으며, 서울시 지정 보호수 제78호로 지정되어 보호받고 있습니다. 이 회화나무에는 조계사를 찾는 신도들이 간절한 소원을 담아 매단 소망등이 걸려 있어, 불교 신앙과 전통문화가 조화를 이루는 모습을 보여줍니다. 특히 부처님오신날이 되면 수많은 소망등이 걸려 장관을 이루며 방문객들에게 깊은 감동을 선사합니다.

8. 딜쿠샤(서울특별시 종로구 사직로2길 17)

딜쿠샤(DILKUSHA)는 페르시아어로 기쁜 마음이라는 뜻으로, 미국인 앨버트 테일러(Albert W.Taylor)와 메리 테일러(Mary L. Taylor) 부부가 거주하던 저택의 이름입니다.

1919년 2월 28일, 3. 1운동 하루 전 테일러 부부의 아들 브루스가 세브란스병원에서 태어났습니다. 이때 병원 간호사들은 기미독립선언서를 메리 테일러의 병상에 몰래 숨겼고, 이를 발견한 앨버트 테일러는 선언서를 동생 빌 테일러(Bill Taylor)의 신발 뒤축에 감춰 해외로 반출했습니다. 이 일화는 한국 독립운동사에서 중요한 순간으로 기록되었으며, 딜쿠샤는 한국 근현대사의 한 장면을 고스란히 간직한 역사적 장소로 남아 있습니다

근교 추천 ❶ 경교장(727m) ❷ 북촌한옥마을(5km) ❸ 창경궁(5.1km) ❹ 광장시장(5.1km)

방문 정보 주차 : 인근 유료 주차장 이용 | 입장료 : 무료 | 관람시간 : 09:00~18:00 / 매주 월요일 휴관

— 딜쿠샤 옆 은행나무(서1-10 보호수)

딜쿠샤와 관련된 기억과 기록의 대부분은 이 은행나무와 실타래처럼 얽혀 있습니다. 앨버트 테일러와 메리 테일러 부부가 1923년 이곳에 집을 지은 이유도 은행나무에 한눈에 반했기 때문이라고 전해집니다.

여행길에 만난 나무 이야기

또한, 아들 브루스 테일러가 64년 만에 이 집에 돌아오게 된 이유도 은행나무 아래서 보낸 유년 시절의 추억을 되새기기 위해서였으며, 결국 은행나무를 단서로 딜쿠샤를 찾아낸 것이었습니다.

이 은행나무는 1976년 보호수로 지정될 당시 수령이 약 420년으로 추정되었습니다. 현재 은행나무가 자리한 서울 종로구 행촌동 1-64번지는 권율 장군의 집터이기도 합니다.

〈은행나무, 침엽수인가 활엽수인가?〉

부채꼴 형태인 은행나무의 잎을 자세히 보면 잎맥이 나란히 배열된 나란히맥 구조를 띠고 있습니다. 그 각각의 바늘잎을 방사형으로 모아놓은 형태와 유사하다 하여 일부에서는 은행나무를 침엽수로 분류하기도 합니다. 하지만 은행나무가 전통적인 침엽수와 활엽수의 구분 기준을 따르지 않는 독특한 식물이긴 해도 겉씨식물이라고 해서 반드시 침엽수는 아니며, 활엽수로 보는 것이 맞습니다.

9. 덕수궁 (서울특별시 중구 세종대로 99)

서울 중구 정동에 위치한 덕수궁은 조선 말기와 대한제국 시기의 궁궐로, 본래 경운궁이라 불렸습니다. 1896년 아관파천 이후 고종이 이곳으로 환궁하여 법궁(法宮)으로 사용하였으며, 1907년 순종 즉위 후 '덕수궁'으로 개칭되었습니다.

그러나 일제강점기 동안 궁의 대부분이 훼손되어 규모가 크게 축소되었고, 현재 남아 있는 덕수궁은 원래 면적의 일부에 불과합니다. 그럼에도 불구하고 덕수궁은 전통 궁궐과 서양식 건축물이 공존하는 독특한 문화유산으로 보존되었으며, 오늘날 시민들에게 개방되어 역사 교육과 문화 공간으로 활발히 활용되고 있습니다.

근교 추천 ❶ 고종의길(893m) ❷ 돈의문박물관마을(1.3km) ❸ 인사동(2.6km) ❹ 경복궁(2.9km)

방문 정보 **주차** : 인근 유료 주차장 이용 | **입장료** : 개인 1,000원 / 단체 800원
관람시간 : 09:00~21:00 / 매주 월요일 휴무

― 덕수궁 칠엽수

일본칠엽수

서양칠엽수

　덕수궁 석조전과 서문 사이에 있는 이 칠엽수는 1912년 네덜란드 공사가 고종에게 선물한 마로니에라고 부르는 가시칠엽수로, 최소 110년 이상의 수령을 자랑하며 우리나라에서 가장 오래된 칠엽수로 알려져 있습니다.

칠엽수는 크게 일본칠엽수와 서양칠엽수로 나뉘는데, 열매의 겉껍질이 매끄러우면 일본칠엽수, 뾰족한 돌기가 있으면 가시칠엽수 또는 서양칠엽수라고 합니다. 서양칠엽수를 다른 말로 마로니에라고도 하는데, 밤과 비슷한 열매를 맺지만 독성이 있어 섭취 시 구토나 위경련을 유발할 수 있습니다.

여행길에 만난 나무 이야기

제2장

경기도

10. 흥국사(경기도 고양시 덕양구 흥국사길 82)

고양시 노고산(한미산)에 자리한 흥국사는 661년 신라 문무왕 때 당대 최고의 고승 원효대사가 창건한 유서 깊은 사찰입니다. 고려와 조선을 거치며 중창을 거듭한 흥국사는 오늘날까지 법맥을 이어오며 신앙과 문화의 중심지로 자리하고 있습니다.

사찰 내에는 극락구품도, 괘불, 약사전, 아미타여래좌상 등 다양한 유물이 보존되어 있으며, 특히 약사전의 편액 글씨는 영조대왕의 어머니 숙빈 최씨가 직접 써서 하사한 것으로 전해집니다.

또한, 흥국사는 조용한 산사 분위기와 울창한 숲길로도 유명하며 가을이면 단풍이 아름다워 많은 방문객이 찾는 명소로 알려져 있습니다. 입구에는 보호수로 지정된 수령 250년의 상수리나무가 자리하고 있어 사찰의 오랜 역사를 더욱 깊이 느낄 수 있습니다.

근교 추천	❶ 서대문형무소역사관(11km) ❷ 돈의문박물관마을(14km)
방문 정보	주차 : 무료 │ 입장료 : 무료 │ 관람시간 : 상시

─ 흥국사 상수리나무(경기-고양-30 보호수)

흥국사 경내에 자리한 상수리나무는 1988년 보호수로 지정되었으며, 지정 당시 수령이 약 250년으로 추정됩니다. 두꺼운 나무껍질과 균형 잡힌 수형(樹形) 덕분에

멀리서도 보호수임을 쉽게 알아볼 수 있습니다. 나무의 윗부분은 벼락을 맞아 일부 손상되었으나 여전히 도토리를 맺으며 강한 생명력을 유지하고 있습니다.

참고로 참나무는 도토리가 열리는 나무를 통칭하며, 주요 종류로는 상수리나무, 굴참나무, 떡갈나무, 신갈나무, 갈참나무, 졸참나무가 있습니다. 이 중 졸참나무의 도토리는 떫은맛이 덜하고 속껍질이 쉽게 분리되어, 도토리묵을 만들었을 때 가장 맛이 좋아 인기가 많습니다.

─ 흥국사 느티나무(경기-고양-32 보호수)

흥국사 경내에 자리한 느티나무는 2003년 보호수로 지정되었으며, 지정 당시 수령이 450년에 달하는 고목입니다. 사찰 내 여러 보호수 중에서도 가장 오랜 역사를 지닌 나무로, 세월의 흔적을 담고 있는 굵은 기둥이 한쪽으로 기울어진 독특한 형태를 하고 있습니다.

11. 일산 호수공원

(서울특별시 종로구 율곡로 99)

일산 호수공원은 일산신도시 택지개발사업과 연계하여 조성된 대규모 근린공원입니다. 공원 내에는 4.7km의 자전거 도로, 9.1km에 달하는 산책로가 조성되어 있어 산책, 조깅, 자전거 라이딩 등 야외활동을 즐기기에 최적의 환경을 제공합니다. 또한 생태자연학습장, 조형예술품 전시구역, 선인장 전시관, 야외무대 등 다양한 생태·문화 시설이 마련되어 있어 남녀노소 누구나 방문하여 자연 속에서 여유를 만끽할 수 있습니다.

호수공원에서는 고양국제꽃박람회, 가을꽃축제, 호수예술축제 등 연중 다양한 문화·예술 행사가 개최되며, 이를 통해 국내뿐만 아니라 세계적인 명소로 자리 잡아 가고 있습니다.

근교 추천	❶ 김포한강야생조류생태공원(10km) ❷ 하늘공원(16km) ❸ 오두산통일전망대(22km)
방문 정보	**주차** : 5분당 80원 ㅣ **입장료** : 무료 ㅣ **관람시간** : 상시

─ 고양 송포 백송(천연기념물 제60호)

경기도 고양시 일산서구 덕이동 산 207번지에 위치한 고양 송포 백송은 수령 약 250년으로 추정되며, 천연기념물 제60호로 지정된 보호수입니다. 가지가 마치 부채살처럼 넓게 퍼져 있어 역삼각형 형태를 이루고 있으며, 껍질은 다른 백송에 비해 그리 희지 않은 편입니다.

이 백송에 관한 유래로는 두 가지 설이 전해집니다. 조선 세종 때 도절제사 김종서가 개척한 육진에서 복무하던 최수원 장군이 귀향길에 가져와서 심었다는 설과,

조선 선조 때 사신으로 중국을 다녀온 유하겸이 중국 사절단으로부터 두 그루의 백송을 선물로 받아 그 중 한 그루를 이곳에 심었다는 설입니다.

고양 송포 백송은 일산 호수공원에서 약 14km 떨어져 있으며, 인근에는 수령 560년 된 느티나무 보호수도 자리하고 있어 함께 방문하면 더욱 뜻깊은 자연유산 탐방이 가능합니다.

여행길에 만난 나무 이야기

12. 김포한강야생조류생태공원 / 라베니체
(경기도 김포시 김포한강11로 455 / 김포시 장기동 703-4)

김포한강야생조류생태공원은 신도시 개발 시 환경부의 철새 서식지 보전 요구에 따라 조성된 생태 보호공간으로, 야생조류의 취·서식 환경을 보존하며 시민들이 자연과 공존할 수 있도록 기획된 생태공원입니다. 공원 내에서는 다양한 철새를 관찰할 수 있으며, 생태 체험학습의 장으로도 활용되고 있습니다.

이곳에서 약 3km 떨어진 라베니체는 물의 도시 베니스를 모티브로 조성된 수변 테마 거리로, 수변을 따라 다양한 상점들이 이어져 있습니다. 센트럴플라자 중앙광장을 중심으로 생활소품점, 카페, 음식점 등이 자리해 있어서 산책 후에 쇼핑과 함께 힐링타임을 즐기기에 최적의 장소입니다.

근교 추천	❶ 김포아트빌리지(1.3km) ❷ 모담공원(2.9km) ❸ 김포장릉(7.2km)
방문 정보	주차 : 무료 ｜ 입장료 : 무료 ｜ 관람시간 : 상시

― 김포 운양동 들메나무(경기-김포-11 보호수)

들메나무 꽃   들메나무 열매   들메나무 잎

    김포시 운양동 1144−5에 위치한 들메나무의 수령은 약 200년입니다.

    들메나무라는 이름에는 두 가지 어원이 있습니다. 하나는 '들판(들)과 산(메)에서 잘 자라는 나무'라는 뜻에서 유래한 것이고, 다른 하나는 짚신이 벗겨지지 않도록 끈을 발에 단단히 묶는 행위인 '들매다'에서 비롯된 것입니다. 이는 들메나무의 껍질이 질기고 강하여 신발 끈이나 매듭을 만드는 데 사용되었기 때문입니다. 들메나무는 물푸레나무과에 속하는 낙엽성 큰키나무로, 주로 깊은 산골짜기나 냇가 주변의 습윤한 환경에서 자랍니다.

여행길에 만난 나무 이야기

13. 애기봉 평화생태공원

(경기도 김포시 월곶면 평화공원로 289)

애기봉 평화생태공원은 한반도 유일의 남북공동이용수역(Free-zone)에 위치한 평화와 화합을
대표하는 상징적인 공간입니다. 공원은 평화생태전시관과 조강전망대로 구성되어 있으며, 역
사와 미래, 자연이 함께하는 다양한 문화 콘텐츠를 즐겨볼 수 있는 곳입니다.

특히 조강전망대에서 북한 지역을 조망할 수 있기에 한반도의 분단 현실을 직접 체감하며 평화
의 의미를 되새길 수 있는 명소로 자리 잡고 있습니다. 평화생태전시관에서는 한반도 자연 생태
와 평화의 가치를 주제로 한 전시가 진행되며, 방문객들에게 다양한 교육적 체험 기회를 제공합
니다.

근교 추천   ❶ 태산패밀리파크(8.2km) ❷ 문수산산림욕장(12km) ❸ 덕포진교육박물관(17km)

방문 정보   **주차** : 무료 | **입장료** : 어른 3,000원 / 어린이 1,000원 (1일 6회, 회당 100명씩 사전 예약
을 통해 입장 가능) | **관람시간** : 09:30~17:30

─ 할배, 할미 느티나무(경기-김포-43 보호수)

　애기봉 평화생태공원 인근 김포시 하성면 가금리 202-1에 위치한 할배·할미 느티나무는 각각　500년 이상의 수령을 자랑하는 보호수입니다.

　도로변에 자리한 나무가 할미 느티나무이고, 위쪽에 자리한 나무는 할배 느티나무입니다. 김포시 보호수로 서로 지긋이 바라보고 있는 듯한 수형을 보고 있으면 나무에도 금실이 있다는 생각이 절로 듭니다. 두 나무 사이의 쉼터에 앉아 잠시 쉬거나 시간을 보내는 것도 좋습니다.

　애기봉 평화생태공원에서 약 1.8km 거리에 위치해 있고, 그 아래 마련된 쉼터에서 잠시 머물며 자연의 운치를 만끽하기 좋은 장소입니다.

━ 깨우침을 주는 향나무(경기-김포-40 보호수)

경기도 김포시 하성면 가금리 산 43-1에는 조선 시대 이조판서를 지낸 박신의 묘역이 있으며, 그 재실 앞에는 수령 500년 된 향나무가 자리하고 있습니다. 전해

향나무 잎

지는 이야기로는, 박신이 마음을 수양하기 위해 직접 심은 나무로, 이후 사람들은 이를 '학목(學木)' 또는 '깨우침을 주는 나무'라 불렀다고 합니다.

특히, 이곳에서 공부한 사람들은 점차 어진 성품을 갖게 되어 학문에 더욱 정진하게 되었다는 전설이 전해지며 이러한 특별한 사연을 지닌 보호수는 매우 드문 사례입니다.

한편, 향나무는 두 가지 형태의 잎을 가지고 있는데, 어린 나무일 때는 뾰족한 바늘잎이 많고, 수령이 오래될수록 점점 부드러운 비늘잎이 많아집니다. 특히 가이즈카향나무는 일반 향나무보다 비늘잎이 적고, 전체적인 수형이 횃불 모양을 띠는 것이 특징입니다. 이러한 향나무의 독특한 형태와 상징성은 박신의 학문적 정신과 맞물려 더욱 의미 있게 다가옵니다.

이 향나무는 애기봉평화생태공원에서 약 2.6km 거리에 위치하고 있습니다.

여행길에 만난 나무 이야기

14. 수원 화성 (경기도 수원시 팔달구 장안동 1-2번지)

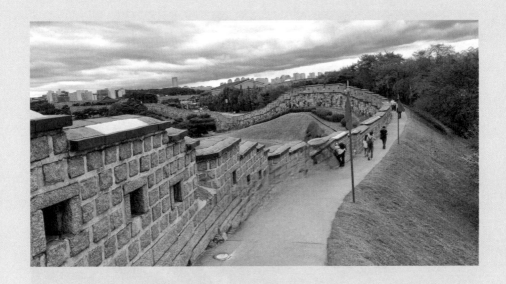

수원 화성은 조선 정조 대왕이 부친 사도세자의 묘를 수원으로 이전하며 건설을 지시한 성곽으로, 1794년(정조 18년) 착공하여 1796년(정조 20년)에 축성되었습니다. 총 길이 5.74km에 달하는 화성은 정약용의 '성화주략'을 바탕으로 설계되었으며, 거중기 등 최첨단 공법을 활용해 견고한 성벽을 구축한 것이 특징입니다.

현재 유네스코 세계문화유산으로 등재된 수원 화성은 팔달산을 따라 이어지는 성벽과 다양한 방어 시설을 갖춘 조선 후기 군사·건축 기술의 걸작으로 평가받고 있으며, 정조의 개혁 정치와 효심이 담긴 역사적 유산으로 보존되고 있습니다.

근교 추천 　❶ 행궁동벽화마을(683m)　❷ 화성행궁(1.4km)　❸ 만석공원(2.6km)　❹ 광교호수공원(7.5km)

방문 정보 　**주차** : 1회 소형 400원, 30분 초과시 10분당 200원 추가　|　**입장료** : 무료　|　**관람시간** : 상시

― 화성행궁 안 느티나무 보호수(경기도 보호수 5-3)

　　수원 화성행궁 안에 자리한 이 느티나무는 600년 이상의 역사를 지닌 노거수로, 화성 성역이 조성되기 이전부터 존재했던 것으로 추정됩니다. 높이 30m, 둘레 6m 에 달하며, 과거 화재로 인해 일부 훼손되었으나 2003년부터 나무 살리기 작업을 통해 현 상태를 유지하고 있습니다. 신령스러운 나무로 여겨져 소원지를 적어서 걸 어두면 그 소원이 이루어진다는 전설이 전해집니다.

여행길에 만난 나무 이야기

─ 화성행궁 밖 느티나무 보호수(경기-수원-14 1, 2 보호수, 경기-수원-6 보호수)

　수원 화성행궁 밖 입구에 자리한 세 그루의 느티나무는 1982년 보호수로 지정되었으며, 지정 당시 수령 350년으로 추정됩니다. 이 나무들은 행궁을 지을 때 궁궐의 조경 제도에 의해 '品'자 형태로 심어졌는데, 이는 영의정을 비롯한 삼정승(영의정·좌의정·우의정)을 상징합니다. 이러한 배치는 나라를 위해 올바른 정치를 펼치라는 의미를 담고 있으며, 조선 왕실의 정치 이념과 자연을 조화롭게 활용한 전통 조경 방식을 잘 보여줍니다.

15. 갯골생태공원(경기도 시흥시 장곡동 724-10번지)

시흥 갯골생태공원은 경기도 유일의 내만 갯골과 옛 염전의 정취를 느낄 수 있는 아름다운 곳입니다. 과거 이곳 소래염전에서 생산된 부분의 소금은 수인선과 경부선을 통해 부산항에 옮겨진 후 일본으로 반출되었으며, 우리 민족의 아픈 역사를 간직한 장소입니다. 그러나 오늘날 이 지역은 친환경적으로 재조성되어 국가적 명소이자 세계적인 관광지로 자리매김하고 있으며, 이를 기념하는 시흥갯골축제가 매년 개최됩니다.

근교 추천 　❶ 연꽃테마파크(5.3km)　❷ 배곧생명공원(7.4km)　❸ 용도수목원(8km)

방문 정보 　**주차** : 1시간 1,000원　|　**입장료** : 무료　|　**관람시간** : 상시

전곡리 물푸레나무(천연기념물 제470호)

물푸레나무 꽃   물푸레나무 열매   물푸레나무 잎

경기도 화성시 서신면 전곡리 149-2에 위치한 이 물푸레나무는 수령이 약 350 년으로, 우리나라에서 가장 크고 오래된 물푸레나무입니다. 물푸레나무로서는 보 기 드물게 규모가 크고 수형 또한 아름다워 2006년 천연기념물로 지정되었습니다.

한때 무관심 속에 방치되었던 이 나무가 천연기념물 제470호로 지정되기까지는 나무칼럼니스트 고규홍 작가의 헌신적인 노력과 사랑이 있었습니다. 그 영향인지, 오랫동안 꽃을 피우지 않던 나무가 마치 관심과 애정에 보답하듯 두 차례나 꽃을 피웠다고 전해집니다.

물푸레나무라는 이름은 어린 가지의 껍질을 벗겨 물에 담그면 물이 푸르게 변하는 특징에서 유래했습니다. 재질이 단단하고 탄성이 좋아 야구배트 제작에 많이 쓰입니다. 전해지는 이야기로는, 옛날 서당에서 물푸레나무로 만든 회초리를 맞으며 공부한 학동이 싸리나무로 만든 회초리를 맞으며 공부한 학동보다 더 빨리 과거에 급제했다고 합니다. 그래서인지 급제 후 금의환향 시엔 반드시 마을 어귀에 있는 물푸레나무 앞에서 가마를 멈추고 큰절을 올린 뒤 지나갔다고 합니다.

갯골생태공원에서 전곡리 물푸레나무까지의 거리는 약 32km입니다.

16. 조소앙 기념관(경기도 양주시 남면 황방리 214-7)

조소앙 기념관은 조국의 자주독립과 민주발전을 위해 헌신한 애국지사 조소앙 선생의 숭고한 위업을 기념하고 그 정신을 널리 알림으로써 국가와 민족의 정기를 더욱 창달시키기 위해 설립되었습니다. 조소앙 선생은 독립운동가이자 정치사상가로, 정치·경제·교육의 균등을 바탕으로 개인과 개인, 민족과 민족, 국가와 국가 간의 평등한 사회를 실현해 나아가야 한다는 삼균주의의 창시자입니다.

기념관 내부에는 조소앙 선생의 생애를 조명하는 다양한 사료와 유품이 전시되어 있으며, 그의 사상과 독립운동 노선을 상세히 설명하는 자료가 마련되어 있습니다. 또한, 독립운동과 대한민국 임시정부의 활동을 보다 깊이 이해할 수 있는 역사 교육 프로그램과 전시도 진행됩니다.

근교 추천	❶ 조명박물관(12km) ❷ 회암사(18km) ❸ 국립아세안자연휴양림(21km)
방문 정보	주차 : 무료 │ 입장료 : 무료 │ 관람시간 : 상시

─ 양주 황방리 느티나무(천연기념물 제278호)

조소앙 기념관에서 약 100m 떨어진 곳에는 수령 약 850년에 이르는 양주 황방리 느티나무가 자리하고 있습니다. 이 느티나무는 밀양 박씨의 선조가 심은 것으로 전해지며, 그 후손들이 대대로 잘 보호하여 현재까지 온전히 보존되어 있습니다. 과거 태풍의 피해로 인해 한쪽 가지가 부러져 다소 나무 모양이 상했지만, 여전히 웅장한 위용을 자랑하고 역사적·생물학적 자료로서의 가치를 높이 평가받아 천연기념물로 지정되어 보호되고 있습니다.

　　　　　　　　　　　　　　　　　　　여행길에 만난 나무 이야기

17. 용문사(경기도 양평군 용문면 용문산로 782)

경기도 양평군에 위치한 용문사는 대한불교조계종 제25교구 본사 봉선사의 말사로, 천년 이상의 역사를 간직한 유서 깊은 사찰입니다. 신라 신덕왕 2년(913년)에 창건되었으며, 고려 우왕 4년(1378년)에는 개풍 경천사에 보관되어 있던 대장경이 이곳으로 옮겨져 봉안되었습니다. 이후 조선 태조 4년(1395년)에 중창되었으며, 현재까지도 한국 불교의 중요한 수행과 신앙의 중심지로 자리 잡고 있습니다.

근교 추천	❶ 유명산자연휴양림(8.7km) ❷ 들꽃수목원(10.4km) ❸ 중미산휴양림(11km)
방문 정보	주차 : 소형 3,000원, 중대형 5,000원 │ 입장료 : 어른 2,500원, 청소년 1,700원, 어린이 1,000원 │ 관람시간 : 상시

─ 용문사 은행나무(천연기념물 제30호)

2024년 국립산림과학원은 라이다(LiDAR) 기술로 용문사 은행나무의 정확한 생장 정보를 확인한 결과, 높이가 아파트 17층 높이인 38.8m에 달했고 나이는 1,018

살로 추정된다고 밝혔습니다.

　용문사 은행나무는 오래된 만큼 여러 전설이 전해집니다. 신라의 고승인 의상대사가 짚고 다니던 지팡이를 땅에 꽂았더니 뿌리를 내려 나무가 되었다고도 하며, 신라의 마지막 태자였던 마의태자가 나라를 잃은 슬픔을 안고 금강산으로 가는 길에 심었다고도 전해집니다.

　용문사 은행나무는 세조로 부터 정2품을 하사 받은 보은 속리 정이품송과 함께 벼슬을 한 나무로도 알려져 있습니다. 정이품송보다 앞서 세종대왕으로 부터 정3품에 해당하는 당상관 벼슬을 하사 받은 나무이기도 합니다.

　오늘날 대한민국의 가로수 중에서 은행나무는 가장 흔한 수종 중 하나로, 전국적으로 약 100만 그루 이상(전체 가로수의 30%)이 심어져 있습니다. 그러나 이러한 널리 보급된 은행나무 중 상당수가 암나무로, 가을철이 되면 열매에서 나는 특유의 고약한 냄새로 인해 불편을 초래하는 경우가 많습니다. 흥미롭게도 과거에는 은행나무의 암수 구별이 어려워 가로수로 심을 때 무작위로 식재되었으며, 그 결과 많은 암나무가 도시 곳곳에 자리하게 되었습니다.

　이 문제를 해결하기 위해, 2011년 국립산림과학원에서는 은행나무의 DNA 분석을 통해 암수를 구별하는 기술을 개발하는 데 성공했습니다. 이로 인해 최근 조성되는 가로수에는 냄새가 나지 않는 수나무 위주로 식재되고 있으며 기존의 암나무를 교체하는 작업도 일부 진행되고 있습니다.

18. 두물머리 (경기도 양평군 양서면 양수리 704-5)

두물머리는 북한강과 남한강이 합류하여 한강으로 흐르는 지점으로 '두 개의 물줄기가 머리를 맞대고 만난다'는 의미에서 그 이름이 유래되었습니다. 이곳은 사계절 내내 아름다운 경관을 자랑하며, 특히 물안개가 피어오르는 새벽녘의 일출과 황홀한 일몰 풍경이 인상적입니다.

운길산역과 양수역 사이에 위치한 두물머리는 양평군을 대표하는 관광명소로, 울창한 고목이 둘러싼 산책로와 한적한 강변 풍경이 조화를 이루며 방문객들에게 편안한 휴식처를 제공합니다.

근교 추천　❶ 물의정원(3.5km)　❷ 능내역(4.7km)　❸ 정약용유적지(6.7km)　❹ 중미산휴양림(11.7km)

방문 정보　**주차** : 소형 3,000원 | **입장료** : 무료 | **관람시간** : 상시

─ 두물머리 느티나무(경기-양평-16 보호수)

두물머리 마을의 정자목인 이 느티나무의 수령은 약 400년으로, 세 그루의 느티나무가 마치 한 그루처럼 어우러져 수려한 수형을 이루고 있습니다. 높이 26m, 지름 약 2.7m, 수관폭은 자그마치 8.4m에 이르며 1982년 보호수로 지정되었습니다.

두물머리 느티나무는 오랜 세월 동안 마을의 수호목(守護木) 역할을 해왔습니다. 과거 마을 사람들은 이 나무 아래에서 배를 타는 이들의 안녕과 마을의 안정을 바라는 도당제를 지냈다고 전해집니다. 도당제는 공동체 신앙과 전통을 간직한 의식으로, 이 느티나무는 단순한 수목을 넘어 마을 공동체의 역사와 정신을 상징하는 신성한 존재로 여겨졌습니다.

19. 신륵사(경기도 여주시 신륵사길 73)

신륵사는 신라 진평왕 때 원효대사가 창건한 사찰로, 남한강을 배경으로 오랜 역사와 함께 웅장한 규모와 빼어난 경관을 자랑합니다. 남한강이 감싸듯 흐르는 독특한 입지로 인해 '강변 사찰'이라는 별칭으로도 불립니다.

신륵사는 고려 말에서 조선 초기까지 불교계에서 중요한 역할을 했던 사찰로, 조선 세종대왕이 부친인 태종(이방원)의 명복을 빌기 위해 왕실에서 직접 중창(重創)한 사찰로도 알려져 있습니다. 경내에는 보물 8점과 유형문화재 4점을 비롯 다수의 문화재가 있으며, 그 중 신륵사에서 가장 오래된 건물이자 지공, 나옹, 무학 3 화상의 영정을 모셔놓은 조사당이 대표적입니다.

근교 추천	❶ 여주박물관(610m) ❷ 황학산수목원(3.9km) ❸ 세종대왕릉(5.8km)
방문 정보	주차 : 무료 | 입장료 : 무료 | 관람시간 : 상시

━ 신륵사 은행나무(경기-여주-66 보호수)

　신륵사 경내에 자리한 신륵사 은행나무는 수령 660년에 이르는 보호수로, 고려 말 공민왕사 나옹스님이 심은 것으로 전해집니다. 몸통 한가운데 관세음보살상 모양의 짧은 가지는 오가는 이들의 눈길을 사로잡는데, 불 · 법 · 승(仏, 法, 僧) 삼보(三宝)를 상징하듯이 세 줄기의 가지로서 모습을 갖추었고, 관세음보살님이 대자대비의 마음으로 중생의 괴로움을 구제하기 위해 이 나무에 현신하신 것 같다는 신앙적 해석이 전해지기도 합니다. 이러한 영험한 전설 덕분에 신륵사 은행나무는 '소원을 들어주는 나무', 즉 소원나무로 널리 알려져 있습니다.

— 신륵사 향나무(경기-여주-65 보호수)

　향나무는 예로부터 맑고 깨끗한 기운을 상징하며 궁궐이나 사찰과 같은 주요 건축물 주변에 많이 심어졌습니다.

　1982년 여주시 보호수로 지정된 신륵사 향나무는 수령 600년의 고목으로, 사찰 경내 큰 법당 뒤, 조사당 앞에 자리하고 있습니다. 뒤틀리고 휘어진 독특한 수형이 수려한 아름다움을 자아내며, 그 자체만으로 엄숙하고 고귀한 분위기를 연출합니다.

　　　　　　　　　　　　　　　　　　　　여행길에 만난 나무 이야기

20. 영릉(英陵) · 영릉(寧陵)
(경기도 여주시 능서면 영릉로 269-10)

대한민국 사적 제195호인 영릉(英陵)·영릉(寧陵)은 세종과 그의 비 소헌왕후의 능인 영릉(英陵) 과 효종과 그의 비 인선왕후의 능인 영릉(寧陵)을 합친 왕릉군으로, 한글명은 같지만 한자명이 서로 다릅니다. 두 왕릉은 약 700m 거리를 두고 있는데, 두 왕릉을 연결하는 짧지만 정감 있는 길을 따라 걷다 보면 조선 시대 왕실의 역사와 자연이 조화를 이루는 고즈넉한 분위기를 온전히 느낄 수 있습니다.

근교 추천   ❶ 세종대왕릉작은책방(920m)   ❷ 황학산수목원(6.2km)   ❸ 명성황후기념관(7.5km)

방문 정보   **주차** : 무료 │ **입장료** : 성인 500원 │ **관람시간** : 09:00~18:00 / 매주 월요일 휴무

─ 여주 효종대왕릉(영릉) 회양목(천연기념물 제459호)

회양목은 일반적으로 작고 낮게 자라는 상록수이지만, 효종대왕 재실 내에 자리한 이 회양목은 예외적으로 크게 성장한 희귀한 개체로 주목받고 있습니다. 수령은 약 300년으로, 생물학적 가치가 높아 2005년 천연기념물로 지정되었으며 현재까지 우리나라에서 확인된 회양목 가운데 가장 큰 나무로 평가됩니다. 특히, 일반적인 회양목보다 줄기가 굵고 높게 자라고 사계절 내내 푸른 잎을 유지하는 특성 덕분에 역사적 · 생태적 가치가 뛰어난 보호수로 보호받고 있습니다.

여행길에 만난 나무 이야기

회양목

회양목 꽃   회양목 열매   회양목 잎

　회양목은 학교, 관공서, 공원 산책로, 가로 화단 등에 널리 심어지는 대표적인 나무입니다. 목질이 곱고 단단해 과거에는 옥새, 도장, 호패 등을 만드는 데 사용되어 '도장나무'라는 별칭이 있습니다.

　특별한 관리 없이도 잘 자라 울타리용 관목으로 많이 식재되며, 이른 봄 피는 작은 노란 꽃은 강한 향과 풍부한 꿀로 벌들에게 인기입니다. 여름에는 초록빛을 띠다 점차 갈색으로 변하는 열매가 부엉이 얼굴처럼 달려 있어 보는 즐거움을 줍니다.

21. 이천 산수유 마을
(경기도 이천시 백사면 원적로775번길 12)

이천 산수유 마을은 전국에서 손꼽히는 산수유 주산지이자, 사계절마다 다채로운 자연경관을 자랑하는 명소입니다. 매년 봄 산수유 꽃 개화 시기에 맞춰 열리는 '이천 산수유 꽃축제'는 마을을 대표하는 행사로, 초봄이면 산수유 꽃이 만개하여 마을 전체가 황금빛으로 물들며, 가을에는 빨갛게 익은 산수유 열매가 풍성하게 열려 또 다른 절경을 선사합니다.

이곳은 단순한 관광지를 넘어 전통과 자연이 조화를 이루는 생태문화 마을로 자리 잡았으며, 오랜 세월 동안 산수유 농가와 함께한 전통적인 농경문화가 이어져 내려오고 있습니다.

근교 추천	❶ 육괴정(522m) ❷ 백사면송말리연당(2.6km) ❸ 이천백송(3.2km) ❹ 설봉공원(10km)
방문 정보	주차 : 무료 | 입장료 : 무료 | 관람시간 : 상시

— 이천 도립리 반룡송(천연기념물 제381호)

반룡송은 수령 약 850년에 달하는 고목으로, 독특한 수형과 신비로운 자태를 지
닌 소나무입니다. 줄기가 가슴 높이에서 더 두꺼워지는 특이한 형태를 보이며, 중
앙의 가지가 용이 승천하는 듯한 모습을 연상시켜 '반룡송(盤龍松)'이라는 이름이 붙
었습니다. 오랜 세월 동안 길상목(吉祥木)으로 여겨져 마을의 안녕과 번영을 기원하
는 신목(神木)으로 숭배되었으며, 풍수지리적으로도 복을 불러오는 상징적인 나무
로 보호받아 왔습니다.

이러한 가치가 인정되어 천연기념물 제381호로 지정되었으며, 오늘날에도 많은
방문객들이 그 웅장한 자태와 영험한 기운을 느끼기 위해 찾는 명소로 자리하고 있
습니다. 이천 산수유마을에서 도립리 반룡송까지의 거리는 약 1.3km입니다.

— 느티나무와 여섯 선비(경기-이천-07 보호수)

　이천 산수유마을에서 약 500m 거리에 위치한 육괴정 앞에는 오랜 세월을 간직한 느티나무가 서 있습니다.

　조선 중종 때 기묘사화(1519년)를 피해 고향 도립리로 내려온 남당 엄용순은 이곳에서 대학자 김안국, 강은, 오경, 임내신, 성담령과 교류하며 학문을 논하고 시를 읊으며 우정을 나누었습니다. 이들 여섯 선비의 깊은 우정과 의리를 기리기 위해 정자 주변에 여섯 그루의 느티나무를 심었으나, 현재는 세 그루만 남아 있습니다. 600년이라는 오랜 세월을 견뎌온 이 느티나무는 선비들의 정신과 학문의 전통을 상징하는 역사적 유산으로 남아 있습니다.

　　　　　　　　　　　　　　　여행길에 만난 나무 이야기

22. 비둘기낭 폭포(경기도 포천시 영북면 대회산리 415-2)

비둘기낭 폭포는 천연기념물 제537호로 지정된 현무암 침식 협곡입니다. 이 폭포의 이름은 주변 지형이 비둘기 둥지처럼 움푹 들어간 주머니 모양을 하고 있어 '비둘기낭'이라 불리게 되었습니다. 협곡을 따라 깎아지른 절벽과 푸른 폭포수가 조화를 이루며 마치 한 폭의 그림 같은 신비로운 경관을 자아냅니다. 이 폭포는 불무산에서 발원한 불무천의 말단부에 위치해 있으며, 오래 전 한탄강에 흐른 용암의 단층 구조를 한눈에 관찰할 수 있어 학술적으로도 매우 가치가 높은 명소입니다.

근교 추천	❶ 한탄강세계지질공원센터(1km) ❷ 포천한탄강하늘다리(1.3km) ❸ 화적연(15km)
방문 정보	주차 : 무료 | 입장료 : 무료 | 관람시간 : 상시

─ 포천 직두리 부부송(천연기념물 제460호)

   처진소나무는 가지 끝이 아래로 처지는 특징을 가진 소나무의 한 품종으로, 독특한 수형이 아름다워 예로부터 사랑받아 왔습니다. 포천 직두리 부부송이 대표적인 예로, 크고 작은 두 그루의 소나무가 나란히 자라며 마치 금슬 좋은 부부를 연상시킨다 하여 '부부송'이라는 이름이 붙었습니다. 이 중 큰 나무는 수령 약 300년에 달하며, 포천시를 대표하는 시목(市木)으로 지정되어 보호받고 있습니다. 부부송은 오랜 세월을 함께하며 부부의 화합과 장수를 상징하는 나무로 여겨지며 많은 방문객들이 이를 보며 소망을 기원하기도 합니다.

   비둘기낭 폭포에서 경기도 포천시 군내면 직두리 191 번지에 있는 포천 직두리 부부송까지의 거리는 약 31km입니다.

여행길에 만난 나무 이야기

23. 화적연(경기도 포천시 영북면 자일리 115)

화적연은 경기도 포천시 영북면에 위치한 자연 명소로, 한탄강변에 높이 13m의 화강암 바위가 우뚝 솟아 있는 독특한 경관을 자랑하며, 마치 볏단을 쌓아 놓은 듯한 형상에서 그 이름이 유래되었습니다.

이곳은 용암이 흐르며 형성된 독특한 지형을 간직하고 있어 학술적으로도 높은 가치를 지닌 명소이고 한탄강 유네스코 세계지질공원의 일부로 지정되어 있습니다.

강과 조화를 이루는 웅장한 바위 절경은 계절마다 색다른 아름다움을 선사합니다. 조선 시대 선비들이 풍류를 즐겼던 명승지이자, 용이 승천했다는 전설이 깃든 신령스러운 장소로도 알려져 있습니다.

근교 추천　❶ 탄강하늘다리(14km)　❷ 한탄강세계지질공원센터(14km)　❸ 비둘기낭폭포(15km)

방문 정보　주차 : 무료 ｜ 입장료 : 무료 ｜ 관람시간 : 상시

— 포천 초과리 오리나무(천연기념물 제555호)[1]

포천 초과리 오리나무는 우리나라에 남아 있던 가장 오래된 오리나무 노거수로, 수령 약 230년으로 추정됩니다. 오리나무는 경기 북부와 강원도 지방의 전통 민요 '나무타령'에 등장하는 나무로, 과거 5리에 한 그루씩 심어 거리 표식으로 사용되었다 하여 '오리나무'라는 이름이 붙여졌습니다.

오리나무는 구조가 치밀하고 단단해서 건축자재나 가구 재료로 많이 사용되었습니다. 특히 생활에서 많이 쓰이는 나막신, 표주박, 하회탈, 얼레빗을 비롯해 전통 혼례식 때 신랑이 가지고 가는 나무 기러기를 만드는 재료로 쓰이는 등 우리의 생활문화에서 꼭 필요한 나무였습니다.

---

1   2024년 7월 기록적인 폭우로 포천 초과리 오리나무가 부러져 현재는 천연기념물에서 해제되었습니다.

제3장

인천광역시

24. 강화 고려궁지 (인천광역시 강화군 강화읍 강화대로 394)

강화 고려궁지는 고려 시대 몽골군의 침략에 대항하기 위해 강화도로 수도를 옮긴 후, 1234년에 세운 궁궐과 관아 건물 터로, 외세의 침략에 맞선 우리 민족의 자주정신과 국난 극복의 역사적 교훈이 서린 유적지입니다. 몽골의 침략에 대항하며 39년 동안 왕궁으로 사용되었으며, 고려는 끊임없는 외세의 위협 속에서도 이곳에서 대몽 항쟁을 지속하며 독립을 지키기 위한 노력을 이어갔습니다.

현재 고려궁지에는 강화유수부 동헌, 강화유수부 이방청, 고려 시대의 동종(강화동종), 그리고 2003년에 복원된 외규장각 등이 남아 있어, 당시의 역사와 문화를 엿볼 수 있는 중요한 유적지로 보존되고 있습니다.

근교 추천 ❶ 성공회강화성당(440m) ❷ 갑곶돈대(3.9km) ❸ 강화고인돌유적(8km) ❹ 전등사(15km)

방문 정보 **주차** : 무료 | **입장료** : 어른 1,200원 어린이 900원 | **관람시간** : 09:00~18:00

— 고려궁터 회화나무

강화 고려궁지 내에 자리한 회화나무는 2001년 보호수로 지정되었으며, 당시 수령은 416년으로 추정되었습니다. 이 나무는 조선 인조 9년(1631년), 고려궁지 내 전각과 행궁을 새로 지을 당시 심어진 것으로 전해지며 오랜 세월을 견뎌내며 이곳이 영예와 치욕이 공존했던 역사적 현장임을 증언하고 있습니다.

― 고려궁터 느티나무(강화 9-102 보호수)

　정문인 승평문을 지나 오른쪽 동헌 앞에 자리한 수령 400년 된 느티나무 보호수입니다. 느티나무는 예로부터 마을과 관청 주변에서 쉼터 역할을 하며 공동체의 안녕과 번영을 기원하는 나무로 여겨졌습니다. 이 보호수 또한 과거 관청을 드나들던 관리들과 백성들에게 그늘을 제공하며, 역사의 현장을 함께해 온 유서 깊은 나무입니다.

여행길에 만난 나무 이야기

— 북문 산책로 입구 은행나무

보호수

    1982년 보호수로 지정될 당시 수령 688년으로 추정된 이 은행나무는 강화 고려
궁지 입구에서 북문 산책로 방향으로 약 100m 올라간 오르막길 왼편에 자리하고
있습니다.

25. 연미정(인천광역시 강화군 강화읍 월곶리 242)

연미정이 있는 월곶은 임진강과 한강이 만나는 지점으로, 물길이 서해와 인천으로 흐르며 제비 꼬리처럼 갈라지는 모습을 띠어 '연미정(燕尾亭)'이라는 이름이 붙여졌습니다. 이곳은 조선 인조 때 정묘호란(1627년) 당시, 청나라와 굴욕적인 형제 관계의 강화 조약이 체결된 역사적 장소이 기도 합니다. 이후 조선 영조 20년(1744년)에 중건되었으며, 역사의 굴곡을 함께해 온 유서 깊은 정자로 남아 있습니다.

연미정은 강 건너 개풍 지역이 한눈에 보이는 탁 트인 전망을 자랑하며, 아름다운 자연경관과 역 사적 의미를 동시에 간직한 강화 10경 중 하나로 손꼽히는 명소입니다.

근교 추천 　❶ 강화고려궁지(4km) ❷ 성공회강화성당(4.1km) ❸ 김포국제조각공원(10km)

방문 정보 　주차 : 무료 ｜ 입장료 : 무료 ｜ 관람시간 : 상시

— 연미정 느티나무(4-9-58 보호수)

부러진 느티나무

연미정에는 정자를 사이에 두고 북쪽과 남쪽 양옆에 염하를 바라보는 두 그루의 느티나무가 자리하고 있었습니다. 그러나 2019년 초대형 태풍 '링링'의 영향으로 북쪽 느티나무가 쓰러지면서 현재는 남쪽의 한 그루만 남아 있으며, 수령은 약 520년 이상으로 추정됩니다.

강화군은 부러진 느티나무를 활용해 전통 가구인 '강화반닫이'로 제작해 그 가치를 보존하였습니다. 지상으로부터 약 1m 부터 위 줄기가 완전히 부러져 회생이 불가능했던 쓰러진 느티나무에는 놀랍게도 새싹이 움터 자연의 순환과 생명의 강인함을 보여주고 있습니다.

26. 강화 갑곶돈대
(인천광역시 강화군 강화읍 해안동로 1366-18)

인천 강화군 강화읍에 위치하고 있는 갑곶돈대는 사적 제306호로, 강화해협을 방어하기 위해 구축된 요새입니다. 강화에 있던 53개의 돈대 중 하나로, 1876년 강화도조약이 체결된 역사적인 유적이기도 합니다. 또한, 고려가 몽골의 침략에 맞서 수도를 강화도로 옮긴(1232년) 이후, 치열한 항전 속에서도 끝까지 지켜낸 전략적 요충지였습니다. 한때 훼손되었으나 복원 작업을 거쳐 옛 모습을 되찾아 오늘날까지 잘 보존되고 있습니다.

근교 추천   ❶ 광성보(9.1km) ❷ 이건창생가(18km) ❸ 동막해수욕장(22km)

방문 정보   주차 : 무료 | 입장료 : 무료 | 관람시간 : 상시

─ 강화 갑곶리 탱자나무(천연기념물 제78호)

  강화도는 고려 고종(1232년)이 몽골의 침공을 피해 천도한 곳으로, 조선 시대 인조 또한 정묘호란(1627년) 당시 가족과 함께 피난했던 장소입니다. 그 뒤, 이를 계기로 성을 견고하게 보완하고자 성 밖에 탱자나무를 울타리처럼 심어 적군이 쉽사리 침범하지 못하도록 하였습니다. 당시 국가에서는 탱자나무의 종자를 배포하고 그 생육상태를 보고받아 탱자나무의 활용 가능 지역을 조사했다고 전해집니다. 갑곶돈대 내에 자리한 수령 400년의 이 탱자나무도 당시 심어진 나무 중 하나가 오늘날까지 남아있는 것으로 추정됩니다.

27. 전등사(인천광역시 강화군 길상면 전등사로 37-41)

전등사는 삼국시대 고구려 소수림왕(372년) 때 창건된 것으로 전해지는 유서 깊은 사찰로, 한국 불교 역사에서 오랜 전통을 간직한 곳입니다. 고려와 조선 시대를 거치며 여러 차례 중건과 보수를 거쳤으며, 특히 임진왜란(1592년) 당시 승병들이 왜군을 물리친 역사적 장소로도 유명합니다. 경내에는 대웅전(보물 제178호), 약사전(보물 제179호), 범종(보물 제393호) 등 소중한 문화재가 보존되어 있으며, 조선왕조실록을 보관했던 정족산사고(사적 제151호)가 자리하고 있어 문화적·역사적 가치가 높은 사찰로 평가됩니다.

근교 추천   ❶ 초지진(4.2km)   ❷ 덕포진(5km)   ❸ 몬스터리움(5.3km)   ❹ 고려궁지(15km)

방문 정보   주차 : 소형 2,000원 대형 4,000원 | 입장료 : 무료 | 관람시간 : 상시

─ 전등사 느티나무(느티나무 강화-181 보호수)

느티나무 꽃

느티나무 열매

느티나무 잎

　느티나무는 은행나무, 팽나무와 함께 키가 크고 오래된 노거수가 많은 나무로, 오랜 세월 마을을 지켜온 정자나무로도 잘 알려져 있습니다. '늘 티가 난다'는 뜻에서 유래한 이름이라는 설이 있으며, 시골 마을 어귀에서 그늘을 드리우며 주민들의 쉼터 역할을 해온 친숙한 나무입니다.

전등사는 고구려 소수림왕 때 창건된 후 조선 광해군 때 화재로 소실되어 1615년에 재건되었습니다. 이때 사찰 경관을 더욱 아름답게 하기 위해 풍치목으로 심은 나무가 오늘날의 느티나무로 추정됩니다. 오랜 세월 사찰과 함께해 온 느티나무는 전등사를 찾는 이들에게 그늘과 휴식을 제공하며 주변의 크고 작은 나무들과 조화를 이루어 자연의 운치를 더하는 명소로 자리 잡고 있습니다. 수령은 약 400년으로, 사찰의 역사와 함께한 소중한 자연유산으로 보호되고 있습니다.

여행길에 만난 나무 이야기

— 노승나무(강화-4-9-66 보호수)와 동자승나무(강화-4-9-67 보호수)

　　은행나무는 메타세쿼이아, 소철과 함께 '살아있는 화석 나무'로 불리지만 자연 번식이 어렵고 야생종이 없어 세계자연보전연맹(IUCN)이 멸종위기종으로 지정한 수목입니다.

전등사 입구에 자리한 노승나무(수령 700년)와 동자승나무(수령 350년)는 조선 시대 불교 탄압 속에서 전해 내려오는 전설을 간직하고 있습니다.

조선조 '배불숭유' 정책으로 불교가 탄압받던 어느 해, 관아에서 전등사 은행나무에서 수확한 열매의 두 배를 공물로 바치라는 명을 내렸습니다. 이를 걱정한 노승이 백련사의 추송 스님에게 도움을 청했고, 스님은 은행나무가 천년 동안 열매를 맺지 않게 해달라는 기도를 올렸습니다. 기도가 끝나자마자 천둥이 치고 돌풍이 몰아쳤으며, 그 후 노승과 동자승, 추송 스님이 감쪽같이 사라졌다고 합니다.

이후 사람들은 세 스님이 전등사를 지키기 위해 나타난 보살이라고 믿었으며, 그날 이후 두 그루의 은행나무는 열매를 맺지 않게 되었습니다. 오늘날에도 이 나무들은 전설을 간직한 채 전등사의 한 켠을 지키며 세월을 견디고 있습니다.

　　　　　　　　　　　　　　　　　　여행길에 만난 나무 이야기

─ 전등사 팥배나무(강화-4-9-75 보호수)

팥배나무 꽃   팥배나무 열매   팥배나무 잎

전등사 대웅전을 마주하는 평지에 자리한 수령 300년의 팥배나무는, 과거 조선 왕조실록을 보관했던 정족산사고와 유사시 한양 방어를 위한 정족산 진지가 설치되었던 생태적으로 중요한 지역에 위치해 있습니다. 이러한 환경적 영향 덕분인지 나무의 수형은 더욱 수려하고 균형 잡힌 형태를 이루고 있으며 오랜 세월을 거치면서도 건강한 생육을 유지하고 있습니다.

팥배나무는 빨갛게 익은 열매가 팥을 닮고 꽃이 배나무 꽃을 닮아 붙여진 이름입니다. 이 나무의 작은 둥근 열매는 이빨이 없는 새들이 한입에 먹기 좋은 크기로, 겨울철에도 열매를 달고 있어 다양한 조류에게 풍부한 먹이를 제공하는 중요한 생태적 역할을 합니다. 이로 인해 '새들의 도시락 나무'라는 별칭으로도 알려져 있으며 조류 생태 보존에 기여하는 생태적으로 가치가 높은 수종으로 평가됩니다.

28. 동막해수욕장(인천광역시 강화군 화도면 해안남로 1481)

동막해수욕장은 강화도에서 가장 넓은 모래톱을 보유한 해변으로, 세계 5대 갯벌 중 하나로 꼽힐 만큼 생태적 가치가 높은 강화 갯벌을 품고 있는 명소입니다. 백사장과 울창한 소나무 숲으로 둘러싸여 천혜의 자연 경관을 자랑하며, 밀물 시에는 깨끗한 바닷물 속에서 해수욕을 즐길 수 있고 썰물 시에는 드넓은 갯벌에서 다양한 해양 생물을 직접 관찰할 수 있는 최적의 장소입니다. 특히 이곳은 국제적으로 보호받는 저어새의 번식지이자 강화 갯벌의 생태적 중요성을 대표하는 곳으로, 자연과 함께하는 환경 교육의 장으로도 활용되고 있습니다.

근교 추천 ❶ 광성보(14km) ❷ 갑곶돈대(21km) ❸ 적석사낙조대(27km)

방문 정보 주차 : 무료 | 입장료 : 무료 | 관람시간 : 상시

─ 강화 사기리 탱자나무(천연기념물 제79호)

   이건창 생가 맞은편에 위치한 강화 사기리 탱자나무의 수령은 약 400년으로 추정되는 귀중한 보호수입니다. 이 나무는 천연기념물 제78호인 강화 갑곶리 탱자나무와 함께 우리나라 서해안에서 탱자나무가 자랄 수 있는 북쪽 한계선에 위치하고 있어, 기후와 식생 연구에 있어 학술적으로도 중요한 가치를 지니고 있습니다.

   동막해수욕장에서 강화 사기리 탱자나무까지의 거리는 약 3.8km로, 강화도의 자연유산을 대표하는 소중한 생태 자산으로 보호되고 있습니다.

여행길에 만난 나무 이야기

29. 인천 개항누리길(인천광역시 중구 해안동2가 11)

인천 개항누리길은 인천의 올레길로 불리며, 중구청에서 2006년부터 운영해온 도보 관광코스입니다. 100여 년 전 개항의 역사를 간직한 인천 중구 개항장 일대를 따라 조성되어 인천의 근대사와 문화를 한눈에 살펴볼 수 있는 명소입니다. 이 길을 따라 걷다 보면 차이나타운, 송월동 동화마을, 수도국산 달동네박물관 등 다양한 명소를 만날 수 있으며, 일제강점기 근대 건축물과 개항기 문화유산, 특색 있는 카페와 음식점들이 조화를 이루는 독특한 거리의 풍경을 감상할 수 있습니다.

근교 추천 　❶ 송월동동화마을(1.3km) ❷ 수도국산달동네박물관(2.3km)

방문 정보 　**주차** : 무료 ｜ **입장료** : 무료 ｜ **관람시간** : 상시

― 자유공원 플라타너스(4-1-1 보호수)

버즘나무 꽃   버즘나무 열매   버즘나무 잎

    자유공원의 플라타너스는 1884년에 식재된 수령 130년 이상의 나무로, 우리나라
에 현존하는 가장 오래된 플라타너스입니다. 개항기 공원의 역사를 증언하는 역사
적ㆍ문화적 가치에 의미를 두어 보호수로 지정되었습니다.

    흔히 '플라타너스'라고 부르지만 우리말 정식 명칭은 '버즘나무'입니다. 나무껍질

                      여행길에 만난 나무 이야기

이 조각조각 떨어져 사람 얼굴에 피는 버짐과 닮았다 하여 '버즘나무'라는 이름이 붙었습니다. 버즘나무는 열매의 개수에 따라 이름이 달라집니다. 가로수에 많으며 열매가 1개씩 달리면 양버즘, 2개면 단풍버즘, 3개면 그냥 버즘나무입니다. 우리가 주위에서 흔히 볼 수 있는 대부분의 버즘나무는 양버즘나무이며, 자유공원의 플라타너스도 양버즘나무에 속합니다. 인천 개항누리길에서 자유공원까지의 거리는 약 770m로, 개항기의 역사적 흔적을 따라 걷기 좋은 탐방 코스 중 하나입니다.

─ 인천 장수동 은행나무(천연기념물 제562호)

　인천광역시 남동구 장수동 만의골에 위치한 인천 장수동 은행나무는 1992년 12월 16일 인천광역시 기념물 제12호로 지정되었다가, 2021년 2월 천연기념물 제562호로 승격 지정되었습니다. 이 은행나무의 유래에 관한 정확한 유래는 전해지지 않지만, 예로부터 마을의 수호신 같은 존재로 여겨져 왔으며 주민들은 집안에 액운이 들거나 마을에 돌림병이 퍼질 때 이 나무 아래에 제물을 차려놓고 치성을 올리며 평안을 기원했다고 합니다.

　인천 개항누리길에서 인천 장수동 은행나무까지의 거리는 약 17km입니다.

　　　　　　　　　　　　　　　　　　　여행길에 만난 나무 이야기

제4장

강원도

30. 오죽헌(강원도 강릉시 율곡로 3139번길 24)

강릉 오죽헌은 보물 제165호로 지정된 역사적 건축물로, 조선 시대 대학자 율곡 이이의 외가입니다. 집 주변을 둘러싼 검은 대나무(오죽)에서 유래하여 '오죽헌(烏竹軒)'이라는 이름이 붙여졌습니다. 한국 주택 건축물 중에서도 가장 오래된 건축물 중 하나로, 건축학적으로도 높은 가치를 지닌 문화유산입니다. 더불어 이곳은 율곡 이이가 태어난 곳으로, 율곡 이이의 어머니인 신사임당의 초상화와 유품이 보관되어 있으며, 그의 가르침과 업적을 조명하는 율곡기념관도 자리하고 있습니다.

근교 추천	❶ 허균,허난설헌기념관(3.3km) ❷ 안목해변(7.4km) ❸ 하슬라아트월드(17km)
방문 정보	주차 : 무료 | 입장료 : 어른 3,000원 어린이 1,000원 | 관람시간 : 09:00~18:00

─ 강릉 오죽헌 율곡매 (천연기념물 제484호)

　세종 22년(1440년)경, 이조참판을 지낸 최치운이 오죽헌을 건립하면서 별당 후원에 '율곡매(栗谷梅)'를 심은 것으로 전해집니다. 이 매화나무는 신사임당과 율곡 이이가 직접 가꾸었다고 알려져 있으며, 현재까지 약 600년의 수령을 자랑하는 유서 깊은 고목입니다.

　율곡매는 매서운 겨울을 이겨내고 봄이 되면 우아한 꽃을 피우는 모습이 학문과 덕을 쌓는 선비의 기개를 상징하는 나무로 여겨졌습니다. 이 때문에 신사임당과 율곡 이이의 가치관과 정신을 담고 있는 문화적 상징물로 인식되고 있습니다.

─ 사임당 배롱나무(강원-강릉-16 보호수)

　강릉시의 시화(市花)인 오죽헌 마당 앞 사임당 배롱나무는 고사한 원줄기에서 새롭게 돋아난 새싹이 자라며 600년 이상의 세월을 이어온 유서 깊은 나무입니다. 배롱나무는 온난한 기후에서 잘 자라는 수종으로 주로 남부 지방에서 볼 수 있지만, 강릉 지역에서도 오랜 세월 동안 자연환경에 적응하며 생명력을 이어왔습니다. 신사임당과 율곡 이이가 직접 가꾸었을 것으로 전해지는 이 배롱나무는 오죽헌의 또 다른 상징인 율곡송과 함께 오죽헌을 수호하는 보호수로 자리하고 있습니다.

― 율곡송(강원-강릉-29 보호수)

　　오죽헌 왼편 문성사 마당에 자리한 세 그루의 소나무는 '율곡송'이라 불립니다. 율곡 이이는 소나무를 군자의 절개에 비유하며 그 가치를 높이 평가하였으며, 소나무의 기개와 아름다움을 찬미한 바 있습니다. 그는 『우송당기(寓松堂記)』에서 "이 소나무의 기이한 형상을 보니 천공의 오묘한 조화를 빼앗았다. 한참 바라보면 청아한 운치를 느낄 것이다. 소나무가 사람을 즐겁게 하는데, 어찌 사람이 그 멋을 즐기지 않을 수 있겠는가!"라고 기록하였습니다.

　　율곡 이이가 깊은 애정을 보인 율곡송은 현재 수령이 약 600년으로 추정되며 그의 학문과 정신을 상징하는 역사적 의미를 지닌 소나무로 보호되고 있습니다.

─ 강릉 방동리 무궁화(천연기념물 제520호)

　사천면 가마골길 22-8에 위치한 방동리 무궁화는 나무 둘레가 146cm에 달하며, 현재까지 알려진 무궁화 중 가장 굵은 것으로 평가됩니다. 일반적으로 무궁화의 수명은 40~50년이지만, 방동리 무궁화는 2011년 천연기념물로 지정될 당시 수령이 약 110년으로 추정되었습니다. 홍단심계 품종의 꽃을 피우며 우리나라에서 가장 오래된 무궁화로 알려져 있습니다.

　오죽헌에서 방동리 무궁화까지의 거리는 약 5.7km입니다.

─ 강릉 장덕리 은행나무(천연기념물 제166호)

    강릉시 주문진읍 장덕리 643에 위치한 장덕리 은행나무는 수령이 약 800년으로 추정되는 유서 깊은 나무입니다. 장덕리 은행나무는 지상 2.5m 부근에서 8개의 큰 가지로 갈라져 부챗살처럼 장대한 수관을 형성하고 있으며, 그 장엄한 자태는 자연 유산으로서의 가치를 더욱 높이고 있습니다.

    우리나라에서 오랜 세월을 견뎌온 은행나무 대부분이 암나무인 것과 달리, 이 나무는 수나무로 오랜 세월을 견뎌왔다는 점에서 생물학적 보존 가치가 더욱 높게 평가됩니다.

    오죽헌에서 장덕리 은행나무까지의 거리는 약 17km입니다.

31. 정동진(강원도 강릉시 강동면 정동진리)

대한민국을 대표하는 해돋이 명소로 잘 알려져 있는 정동진은 조선 시대 한양의 광화문을 기준으로 정동(正東) 쪽에 위치한다고 하여 '정동진'이라는 이름이 붙여졌습니다. 정동진 주변에는 해수욕장과 모래시계 공원, 환선굴 등 다채로운 관광 명소가 자리하고 있습니다. 정동진역은 세계에서 가장 바닷가와 가까운 기차역으로 기네스북에 등재되어 있으며, 바다를 배경으로 기차가 들어오는 모습은 많은 여행자들에게 특별한 경험을 선사합니다.

근교 추천	❶ 모래시계공원(1km) ❷ 썬크루즈호텔&리조트(2.4km) ❸ 하슬라아트월드(2.7km)
방문 정보	주차 : 무료 │ 입장료 : 1,000원 │ 관람시간 : 상시

— 강릉 산계리 굴참나무 군(천연기념물 제461호)

　강릉시 옥계면 산계리에 소재한 굴참나무 군락은 2005년 천연기념물로 지정되었습니다. 가슴 높이의 둘레가 2m 이상인 굴참나무 12그루가 군락을 이루고 있으며, 그중 대표적인 한 그루는 수형이 뛰어나 생물학적으로 종을 대표할 만한 가치를 지니고 있습니다. 또한, 이 숲은 오랜 세월 동안 산촌 마을에서 전승되고 있는 토착신앙적 행위를 수용해온 '당숲'으로, 전통문화와 역사적 의미 역시 매우 높게 평가됩니다.

　굴참나무 군은 정동진에서 약 19km 떨어져 있으며, 주차 후 군락까지는 산길을 따라 40분 정도 걸어 올라야 합니다.

강릉 현내리 고욤나무(천연기념물 제554호)

고욤나무는 예로부터 감나무를 접붙일 때 필요한 대목으로 활용되었습니다. 감(곶감)은 제례용으로 사용된 전통적인 과실 중 하나로, 우리의 전통 생활문화와 밀접한 관계가 있습니다.

현내리 고욤나무는 수령 약 250년으로 추정되며, 고유한 수형을 잘 유지하고 있습니다. 나무의 규격적인 측면에서 희귀성이 높아 자연 학술적 가치가 뛰어난 것으로 평가됩니다.

정동진에서 강릉시 옥계면 옥계로 1028-5에 위치한 현내리 고욤나무까지의 거리는 약 13km입니다.

여행길에 만난 나무 이야기

32. 장호항(강원도 삼척시 근덕면 장호리 1-13)

장호항은 수로부인 설화에서 전해지는 헌화가(献花歌)의 발원지로 잘 알려져 있으며, 아름다운 해안선이 형성되어 있어 '동양의 니폴리'라 불리는 명소입니다.

과거에는 바다낚시를 즐기는 사람들에게 인기가 많았던 항구였으나, 최근에는 투명카누, 스노클링, 해양 레포츠의 명소로 더욱 유명해졌습니다. 특히, 장호항 구름다리를 건너면 펼쳐지는 에메랄드빛 바다와 기암괴석이 어우러진 장관은 방문객들에게 잊지 못할 감동을 선사합니다.

이곳의 또 다른 매력은 싱싱한 해산물이 가득한 어판장으로, 갓 잡아 올린 신선한 해산물을 맛볼 수 있는 곳입니다. 자연이 선사하는 아름다운 풍광과 함께 바다의 생생한 활력을 느낄 수 있는 곳입니다.

근교 추천 ❶ 수로부인헌화공원(8.4km) ❷ 덕봉산해안생태탐방로(18km) ❸ 죽서루(26km)

방문 정보 주차 : 무료 │ 입장료 : 무료 │ 관람시간 : 상시

- 삼척 궁촌리 음나무(천연기념물 제363호)

    삼척시 근덕면 궁촌리 452에 위치한 궁촌리 음나무의 수령은 약 1,000년 이상으로 추정되며, 우리나라에서 가장 크고 오래된 음나무 중 하나로 손꼽힙니다.

    음나무는 한방에서 약용으로도 활용되는 나무로, 전통적으로 건강과 장수를 상징하는 의미를 지녀 왔습니다. 궁촌리 음나무는 그러한 역사와 전통을 품은 나무로서 오늘날까지도 자연과 인간이 함께한 유산으로 남아 있습니다.

    장호항에서 궁촌리 음나무까지의 거리는 약 9km입니다.

                                     여행길에 만난 나무 이야기

33. 동화마을수목원(강원도 원주시 문막읍 동화골길 170)

동화마을수목원은 원주에서 처음으로 만들어진 공립수목원으로, 수목 유전 자원의 증식 및 보전을 통해 녹색자원을 체계적으로 관리하고 시민들에게 휴식과 힐링 공간을 제공하기 위해 조성되었습니다. 동시에 다양한 식물과 생태를 체험할 수 있는 공간으로, 수목원 내에는 여러 테마 정원이 조성되어 있어 계절마다 색다른 풍경을 감상할 수 있습니다. 허브와 약용식물로 가득한 향기원, 베리류가 식재된 벨리원, 백합과 구근식물이 자라는 나리식물원 그리고 소나무원, 전시 온실, 국화과 초본원, 생태관찰로, 옥상정원 등 다양하게 구성되어 있습니다.

근교 추천	❶ 소금산출렁다리(8km) ❷ 뮤지엄산(17km) ❸ 박경리문학공원(17km) ❹ 행구수변공원(23km)
방문 정보	주차 : 무료 ｜ 입장료 : 무료 ｜ 관람시간 : 09:00~18:00 / 매주 월요일 휴원

─ 반계리 은행나무(천연기념물 제167호)

　강원도 원주시 문막읍 반저리2길 42에 위치한 반계리 은행나무의 수령은 약 800~1,000년으로 추정됩니다. 전설에 따르면, 과거 이 마을에 살던 성주 이씨 가문의 한 사람이 직접 나무를 심고 가꾸다가 마을을 떠났다는 이야기도 있고, 어떤 큰스님이 이곳을 지나던 중 물을 마신 후 지팡이를 꽂고 갔는데 그 지팡이가 자라 거대한 은행나무가 되었다는 이야기도 있습니다.

　오랜 세월 크고 균형 있게 잘 자란 이 나무는 우리나라에서 가장 아름다운 은행나무 중 하나로 손꼽히며 자연이 빚어낸 경이로운 모습을 자랑합니다.

　동화마을수목원에서 반계리 은행나무까지의 거리는 약 8km입니다.

여행길에 만난 나무 이야기

— 원성 대안리 느티나무(천연기념물 제279호)

　강원도 원주시 흥업면 금산길 42에 위치한 원성 대안리 느티나무는 높이 24m, 둘레 8.1m에 이르는 웅장한 크기를 자랑하며 사방으로 뻗은 가지가 만들어내는 넓은 원형 수관이 특징입니다.

　1982년 천연기념물로 지정될 당시, 수령은 약 350년 정도로 추정되었으며 오랜 세월 동안 쉼터 역할을 하는 정자나무이자 마을을 지켜주는 당산나무로 보호를 받아왔습니다.

　동화마을수목원에서 원성 대안리 느티나무까지의 거리는 약 12km입니다.

제5장

충청북도

34. 문광저수지(충청북도 괴산군 문광면 양곡리 16)

문광저수지는 아름다운 자연경관과 고요한 분위기를 간직한 곳으로, 산책과 명상을 즐기기에 최적의 장소입니다. 저수지 수면 위로 드리워진 산 그림자와 이른 아침 피어오르는 물안개는 한 폭의 수채화를 연상케 하며 사계절마다 색다른 풍경을 선사합니다.

특히, 저수지 옆으로 조성된 소금랜드와 은행나무 길은 이곳의 또 다른 매력 포인트입니다. 소금 문화관 관람과 염전 체험을 통해 소금의 역사와 가치를 배우는 특별한 경험을 할 수 있으며, 가을 이면 황금빛으로 물든 은행나무 길이 장관을 이루어 많은 관광객이 찾는 명소가 됩니다.

근교 추천　❶ 산막이옛길(14km)　❷ 연하협구름다리(19km)　❸ 각연사(23km)

방문 정보　**주차** : 무료　|　**입장료** : 무료　|　**관람시간** : 상시

─ 괴산 율지리 미선나무 자생지(천연기념물 제221호)

미선나무 꽃   미선나무 열매   미선나무 잎

　미선나무는 우리나라에서만 자생하는 특산식물로, 한때 멸종 위기종으로 지정될 만큼 희귀한 수종입니다. 주로 충청북도 일대에서 자생하며, 환경부가 지정한 멸종 위기 야생식물 II급으로 보호받고 있습니다.

　3월~4월 사이에 피는 하얀색 꽃은 개나리와 비슷한 형태를 띱니다. 줄기 또한 개나리처럼 사방으로 뻗어나가는 특성이 있습니다. 가지치기를 하지 않으면 모양이 예쁘지는 않지만, 그럼에도 사람들이 미선나무를 찾는 이유는 바로 한번 맡으면 잊을 수 없는 그윽한 향기에 있습니다. 쉽게 잊을 수 없는 깊고 은은한 향 덕분에 많은 사람들이 미선나무를 찾으며, 관상용으로도 사랑받고 있습니다.

문광저수지에서 괴산군 칠성면 율지리 미선나무 자생지까지의 거리는 약 18km입니다.

여행길에 만난 나무 이야기

— 괴산 송덕리 미선나무 자생지(천연기념물 제147호)

열매 생김새가 하트 모양과 비슷한 미선나무는 궁중에서 사용하던 부채와도 닮아 꼬리 미(尾), 부채 선(扇)자를 써서 '미선나무'라는 이름이 붙여졌습니다.

송덕리 미선나무 자생지는 토양이 적고, 거대한 바위와 굵은 돌이 쌓여 있는 척박한 환경 속에 형성되어 있습니다. 이러한 환경은 일반적인 나무들이 생존하기 어려운 곳이지만, 오히려 경쟁력이 약한 미선나무에게는 이상적인 서식지로 작용하여 특유의 생명력을 발휘할 수 있는 공간이 되었습니다.

문광저수지에서 괴산군 장연면 송덕리 미선나무 자생지까지의 거리는 약 22km입니다.

━ 괴산 읍내리 은행나무(천연기념물 제165호)

　고려 성종 때 이곳의 성주가 백성들에게 잔치를 베풀면서 성 내에 연못이 있었으면 좋겠다고 말하자, 백성들이 힘을 모아 청당(淸塘)이라는 못을 파고 그 주변에 여러 그루의 나무를 심었다고 전해집니다. 이 은행나무는 당시 심어진 나무 중 하나로, 1,000년이 넘는 오랜 세월을 견디며 지역을 대표하는 자연유산으로 자리 잡았습니다. 가지의 일부는 죽었으나 비교적 사방으로 고르게 퍼져있어 수형이 매우 아름답습니다.

　문광저수지에서 괴산군 청안면 청안읍내로3길 8 청안초등학교 교정에 있는 읍내리 은행나무까지의 거리는 약 22km입니다.

35. 법주사(충청북도 보은군 속리산면 법주사로 405)

"부처님의 법이 머문다"는 뜻을 지닌 법주사는 충청북도 보은군 속리산의 수려한 자연 속에 자리하고 있습니다. 신라 진흥왕 14년(서기 553)에 의신조사가 창건하였으며, 이후 성덕왕과 혜공왕 대에 걸쳐 중창되었습니다.

이곳에는 국내에서 유일한 목탑인 국보 팔상전을 비롯하여 쌍사자 석등, 석련지, 사천왕 석등, 대웅보전 등 국보 3점과 보물 13점이 보존되어 있으며, 천연기념물 1점과 도지정문화재 24점도 함께 자리하고 있습니다. 이러한 문화재적 가치를 인정받아 법주사는 유네스코 세계유산으로 등재되었습니다.

근교 추천	❶ 선병우고가(13km) ❷ 보은우당고택(13km) ❸ 삼년산성(14km)
방문 정보	주차 : 비수기 4,000원 / 성수기 5,000원 ｜ 입장료 : 무료 ｜ 관람시간 : 05:00~18:00

— 보은 속리 정이품송(천연기념물 제103호)

정이품송(正二品松)은 수령 약 600년의 소나무로, 경기도 양평 용문사 은행나무와 함께 역사적으로 벼슬을 받은 나무로 알려져 있습니다.

1464년 조선 세조가 법주사로 행차하던 중, 타고 있던 가마가 이 소나무 아래를 지나려 했으나 가지가 처져 있어 연(輦)이 걸린다고 말하자 신기하게도 이 소나무가 스스로 가지를 위로 들어 올렸고, 덕분에 세조는 무사히 지나갈 수 있었다고 합니다. 이러한 연유로 '연걸이 소나무'라고도 하는데, 그 뒤 세조가 이 소나무에게 '정이품 (正二品)'의 벼슬을 하사하였고, 이후 이 나무는 '정이품송'이라 불리게 되었습니다.

법주사에서 보은군 속리산면 상판리 17-3에 위치한 정이품송까지의 거리는 약 2km입니다.

여행길에 만난 나무 이야기

− 보은 서원리 소나무(천연기념물 제352호)

　　보은 서원리 소나무는 속리산 남쪽의 서원리와 삼가천을 옆에 끼고 뻗은 도로 옆에 있으며, 수령은 약 600살 정도로 추정됩니다. 외줄기로 곧게 뻗은 정이품송의 모습이 남성적이라면, 서원리 소나무는 우산 모양으로 퍼진 모양이 아름답고 여성적이어서 정이품송과는 부부 관계로 비유되어 '정부인송(貞夫人松)'이라는 별칭으로도 불립니다.

　　법주사에서 서원리 소나무까지의 거리는 약 9.2km입니다.

36. 삼년산성(충청북도 보은군 보은읍 어암리 산1-1)

삼년산성은 충청북도 보은군 오정산에 축조된 신라의 포곡식 석축산성으로 신라 자비마립간13년(서기 470년)에 축조되었습니다. 삼국 시대 산성 가운데 축조 및 운영 시기가 명확하게 기록된 사례로, 한국 성곽 연구의 중요한 기준이 되는 유적입니다.

삼년산성은 6세기 중엽 신라의 북진 정책과 관련된 주요 군사 요충지로 평가되며, 당시 방어 체계를 잘 보여주는 대표적인 산성입니다. 성벽의 전체 둘레는 약 1,700m에 이르며, 성곽 내에는 곡성, 치성, 보축성벽, 여장, 수구 등의 방어 시설이 온전하게 남아 있어, 신라 시대의 축성 기술과 방어 체계를 살펴볼 수 있습니다.

근교 추천 ❶ 선병우고가(8.6km) ❷ 솔향공원(9.4km) ❸ 법주사(14km)

방문 정보 주차 : 무료 | 입장료 : 무료 | 관람시간 : 상시

– 보은 용곡리 고욤나무(천연기념물 제518호)

고욤나무 꽃   고욤나무 열매   고욤나무 잎

　충청북도 보은군 회인면 용곡리 637에 위치한 이 고욤나무는 2010년 11월 22일에 천연기념물로 지정되었으며, 수령은 약 260년으로 우리나라에서 현재까지 알려진 고욤나무 중 가장 큰 크기를 자랑합니다.

이 고욤나무는 원 줄기가 지상 1.5m 높이에서 부러진 후, 6개의 가지가 방사형으로 발달하는 독특한 수형을 지니고 있습니다. 줄기가 곧게 자라는 일반적인 고욤나무와 달리, 이 나무는 가지가 사방으로 균형 있게 펴져 있어 매우 독특한 형태를 띠고 있습니다.

과거 고욤나무는 감나무를 접붙일 때 대목(밑나무)으로 사용되며 농경지 주변에서 흔히 볼 수 있었지만, 현대에 들어 이러한 오래되고 거대한 고욤나무는 찾아보기 어려워졌습니다.

용곡리 고욤나무는 희소성이 있는 데다 크기가 매우 크고 수세도 좋다는 점에서 대표성을 인정받았습니다. 당산목으로서 민속신앙과 관련된 문화적 가치도 지니고 있어서 2010년 11월 22일 천연기념물로 지정되었습니다.

삼년산성에서 용곡리 고욤나무까지의 거리는 약 21km입니다.

여행길에 만난 나무 이야기

37. 악어봉(충청북도 충주시 살미면 월악로 927)

악어봉은 충주호를 내려다보는 탁월한 조망 명소로, 호수에 맞닿아 있는 산자락들의 모습이 마치 악어떼가 물속으로 기어 들어가는 형상과 같다 해서 붙여진 이름입니다. 이곳은 왕복 1시간 30분 정도 소요되는 비교적 난이도가 있는 등산 코스지만, 정상에서 내려다보이는 충주호의 절경이 장관을 이루며 사계절마다 색다른 아름다움을 선사합니다. 특히 맑은 날에는 멀리 월악산과 충주 시내까지 한눈에 조망할 수 있어 등산객들에게 큰 인기를 끌고 있습니다.

악어봉 일대는 천혜의 자연환경이 잘 보존된 지역으로, 다양한 식생과 야생동물 서식지를 간직한 생태적으로 중요한 공간이기도 합니다. 봄에는 야생화가 만발하고 가을에는 울긋불긋한 단풍이 호수와 어우러져 한 폭의 그림 같은 풍경을 만들어 냅니다.

근교 추천　❶ 수안보(17km)　❷ 계명산자연휴양림(26km)　❸ 중앙탑사적공원(27km)

방문 정보　주차 : 무료 ｜ 입장료 : 무료 ｜ 관람시간 : 상시

– 괴산 오가리 느티나무(천연기념물 제382호)

상괴목

하괴목

여행길에 만난 나무 이야기

괴산 오가리 느티나무는 수령 약 800년으로 추정되는 두 그루의 느티나무, 상괴목(上槐木)과 하괴목(下槐木)으로 구성되어 있습니다. 이 두 그루의 가까운 곳에 한 그루의 느티나무가 더 자리하고 있는데, 마을 입구에 서 있는 세 그루의 느티나무 모습이 마치 정자 같다고 하여 '삼괴정(三槐亭)'이라는 별칭으로 불리기도 합니다.

하괴목은 마을에서 신목(神木)으로 여겨져 마을이 형성된 이후 음력 정월 대보름 자정마다 성황제를 지내며 마을의 안녕과 번영을 기원해 왔다고 합니다.

악어봉에서 괴산군 장연면 오가리 321에 위치한 오가리 느티나무까지의 거리는 약 20km입니다.

제6장

충청남도

38. 안국사지(충청남도 당진시 정미면 수당리)

안국사지는 은봉산 중턱에 있던 사찰 터로, 창건 연대는 정확히 알려져 있지 않으나 절 안에서 발견된 유물을 볼 때 고려 시대에 창건되었을 것으로 추정됩니다. 이곳은 주변 절경과 아름다운 조화를 이루는 유적으로, 과거 웅장했던 사찰의 흔적을 엿볼 수 있습니다. 특히, 보물 제100호로 지정된 안국사지 석조여래입상이 남아 있어 그 역사적 가치를 더욱 높이고 있습니다.

석조여래입상은 고려 시대 불교 조각의 대표적인 작품으로, 발가락까지 세밀하게 표현된 희귀한 석조여래삼존입상입니다. 정교한 조각 기법과 뛰어난 예술성을 갖춰 문화재적 가치가 매우 높으며, 고려 불교 조각의 정수를 보여주는 중요한 유적으로 평가받고 있습니다.

근교 추천　❶ 유기방가옥(4.2km)　❷ 면천읍성(12km)　❸ 해미읍성(18km)　❹ 송곡서원(24km)

방문 정보　주차 : 무료　|　입장료 : 무료　|　관람시간 : 상시

─당진 삼월리 회화나무(천연기념물 제317호)

나무의 수령이 500년 이상으로 추정되는 당진 삼월리 회화나무는 조선 중종 때 좌의정을 지낸 이행이 1527년(중종 12년) 자손의 번영을 기원하기 위해 심었다고 전해집니다. 이 회화나무는 1982년 당진 지역에서 최초로 국가 지정 천연기념물이 되었으며, 최근 회화나무 일대를 문화공원 및 주민복합문화공간으로 조성하여 지역 주민과 방문객들이 자연과 역사를 함께 즐길 수 있도록 정비하였습니다.

안국사지에서 송산면 삼월리 52에 위치한 삼월리 회화나무까지의 거리는 약 21km입니다.

39. 당진 면천읍성(충청남도 당진시 면천면 성상리 821-6)

당진 면천읍성은 조선시대 면천군 관아와 행정 소재지를 외침으로부터 방어하기 위해 축조된 조선 초기의 대표적인 평지 읍성입니다. 읍성은 소재지 외곽을 석성(石城)으로 둘러쌓는 형태를 띠고 있으며, 조선 시대 지방 행정과 방어 체계를 살펴볼 수 있는 중요한 유적입니다. 2007년부터 대규모 복원이 진행되어 남문과 옹성, 서벽, 동남치성과 동벽의 일부, 객사 등이 원래의 모습을 되찾았습니다. 특히, 면천읍성 안마을은 다른 읍성들과 달리 관광 개발을 위해 조성된 인공적인 마을이 아닌, 실제 주민들이 거주하며 생활하는 공간으로 역사와 문화가 공존하는 독특한 지역으로 평가받고 있습니다.

근교 추천 　❶ 건곤일초정(600m)　❷ 골정지(700m)　❸ 아미산(4.7km)　❹ 안국사지(12km)

방문 정보　주차 : 무료 ｜ 입장료 : 무료 ｜ 관람시간 : 상시

— 당진 면천 은행나무(천연기념물 제551호)

　당진 면천 은행나무는 수령 약 1,100년에 이르는 두 그루의 거대한 은행나무로, 각각 암수 한 쌍을 이루고 있습니다. 이 은행나무와 관련된 전설에 따르면, 은행나무는 고려 개국공신인 복지겸 장군이 병으로 쓰러졌을 때 그의 딸 영랑이 아미산에 올라 백일기도를 드렸다고 합니다.

　기도 마지막 날 신선이 나타나 두견주를 빚어 100일 후에 마시고 그곳에 은행나무를 심은 뒤 정성을 들이면 병이 나을 것이라고 일러주었고, 영랑이 그대로 행하자 복지겸의 병이 치유되었다고 합니다. 이후 영랑이 심은 이 은행나무는 오랜 세월 동안 마을의 신목(神木)으로 숭배되며 주민들에게 신성한 존재로 여겨져 왔습니다.

40. 금헌 영정각 (충청남도 서산시 인지면 애정리 151-8)

금헌 영정각은 고려말~조선 초의 천문학자 금헌 류방택 선생의 영정을 모신 기념각으로, 2018년 선생의 업적을 기리고 전통 천문학 정신을 계승하기 위해 건립되었습니다.

류방택 선생은 조선 태조 4년(1395년) 국보 제228호 '천상열차분야지도(天象列次分野之図)' 제작을 주도한 인물로, 조선 초기 과학 발전에 큰 기여를 했습니다.

영정각 입구에는 송곡서원과 류방택 천문기상과학관이 위치해 있으며 천문학과 기상과학의 발전 과정을 살펴볼 수 있는 교육 공간으로 활용되고 있습니다. 조선 시대 천문학의 원리와 역사를 배우고, 다양한 과학 체험 프로그램도 즐길 수 있습니다.

근교 추천   ❶ 해미읍성(19km) ❷ 개심사(21km) ❸ 용유지(21km) ❹ 유기방가옥(23km)

방문 정보   **주차 : 무료** | **입장료 : 무료** | **관람시간 : 상시**

━ 서산 송곡서원 향나무(천연기념물 제553호)

향나무 꽃   향나무 열매   향나무 잎

송곡서원 입구의 홍살문을 지나면 좌우로 마주 보고 서 있는 두 그루의 향나무가 방문객을 맞이합니다. 금헌 영정각 왼편에 자리한 이 향나무들은 수령 약 600년에 이르며, 우리나라에서 제사 및 신성한 의식을 치르는 장소에 흔히 심어지는 대표적인 수종입니다.

향나무는 일반적으로 궁궐이나 사찰, 능묘 주변에서 자주 볼 수 있지만, 이처럼 서원 전면부에 두 그루가 마주보는 형태는 그리 흔하지 않습니다. 이는 단순한 조경을 넘어 태극과 음양 사상을 반영한 독특한 배치로, 학술적 가치가 높게 평가되어 2018년 천연기념물로 지정되었습니다.

향나무는 나무 자체에서 좋은 향이 나기 때문에 '향나무'라 불립니다. 옛사람들은 이 향이 신과 저승까지 전해진다고 믿어 제사에 사용했으며, 향불을 피울 때 나는 향과 연기는 사람과 신을 이어준다고 믿었습니다.

우리가 이발소나 미용실에서 머리를 단장하듯 나무의 수형을 예쁘게 하기 위해 전지하고 꾸미는 것을 '토피어리'라고 하는데, 향나무는 토피어리에 적합한 대표적인 나무 중 하나입니다. 향나무는 종류도 다양합니다. 줄기가 나사처럼 비틀려 자라는 가이즈카향나무는 '나사백'이라고도 불리며 수형이 횃불 모양을 띠는 것이 특징입니다. 또한, 지면을 따라 눕듯이 자라는 눈향나무, 그리고 연필 제조에 사용되는 연필향나무 등 여러 종류가 있습니다.

여행길에 만난 나무 이야기

41. 유기방가옥(충청남도 서산시 운산면 이문안길 72-10)

서산 유기방가옥은 충청남도 민속문화재 제23호로 지정된 전통 한옥으로, 고즈넉한 고택과 계절마다 다채로운 꽃들이 어우러진 아름다운 경관을 자랑하는 곳입니다.

매년 3~4월에는 '유기방가옥 수선화 풍경' 축제가 열리며, 약 6만여 평의 드넓은 부지에 수만 송이의 노란 수선화가 만개하여 방문객들에게 황홀한 봄의 정취를 선사합니다. 가옥 주변을 감싸는 U자형 토담은 고택과 꽃밭을 자연스럽게 구분하며 수선화의 동양적인 매력을 더욱 돋보이게 합니다.

근교 추천 ❶ 개심사(12km) ❷ 해미읍성(14km) ❸ 류방택천문기상과학관(23km)

방문 정보 **주차** : 무료 | **입장료** : 어른 8,000원 어린이 6,000원 | **관람시간** : 상시

━ 서산 유기방가옥 여리미 비자나무(충청남도 기념물 제174호) · 감나무
(서산시 제108호 보호수)

비자나무

감나무

여행길에 만난 나무 이야기

유기방가옥 앞, 주막집 형태의 식당 뒤편 능선에 오르면 충청남도 기념물 제174호로 지정된 여미리 비자나무를 만날 수 있습니다. 이 나무는 수령 약 350년으로 추정되며, 조선 숙종 때 여미 출신 입향조인 이창주의 증손이자 삼도수군통제사를 지낸 이택(李澤)이 1675년 제주도에서 가져와 심었다고 전해집니다.

당시 세 그루의 비자나무를 심었으나 두 그루는 고사하고 현재 한 그루만 남아 보호수로 지정되어 보존되고 있습니다. 이 나무는 제주도의 따뜻한 기후에서 자라는 비자나무가 충청남도의 기후에 적응하여 수백 년을 살아남은 희귀한 사례로, 생태적 · 학술적 가치가 높이 평가됩니다.

또한, 유기방가옥 인근에는 수령 약 400년 된 감나무도 자리하고 있어, 이 지역이 오랜 세월을 간직한 자연유산의 보고임을 보여줍니다. 이러한 보호수들은 단순한 나무를 넘어 서산의 역사와 문화를 간직한 살아 있는 유산이자 세대로 전해지는 소중한 자산입니다.

42. 해미읍성(충청남도 서산시 해미면 남문2로 143)

서산 해미읍성은 조선 시대 읍성 중 원형이 잘 보존되어 있는 귀중한 문화유산으로 세종 때(1421
년) 병영성으로 축성된 후, 임진왜란 이후 효종 때(1651년) 현치를 이곳으로 옮기며 일반적인 읍
성이 된 특이한 배경을 가진 성입니다.

성벽과 성문, 동헌, 객사 등의 유적을 통해 당시의 군사 방어 체계를 엿볼 수 있습니다. 또한, 조
선 후기 천주교 박해(신유박해, 병인박해) 당시 수많은 천주교 신자들이 신앙을 지키기 위해 목숨
을 바친 곳으로, 그들의 숭고한 희생이 오늘날까지 깊은 울림을 주는 성지로 남아 있습니다.

근교 추천	❶ 수덕사(17km) ❷ 유기방가옥(17km) ❸ 류방택천문기상과학관(19km) ❹ 용봉산자연휴양림(23km)
방문 정보	주차 : 무료 | 입장료 : 무료 | 관람시간 : 05:00∼21:00

— 해미읍성 회화나무(충청남도 기념물 제172호)

수령 300년 이상 된 서산 해미읍성 내 회화나무는 조선 후기 천주교 박해 당시, 이곳 옥사에 수감된 천주교 신자들이 끌려 나와 고문당했던 아픈 역사를 간직한 나무입니다. 나무의 가지에 철사 줄로 머리채를 매달아 고문했던 흔적이 희미하게 남아 있어 그 참혹한 기억이 오늘날까지 전해지고 있습니다.

서산 지역에서는 '호야나무'라는 사투리로 더 잘 알려진 이 회화나무는 병인박해 당시 교수대로 사용되며 수많은 신자들의 희생이 스며든 곳으로, 세상에서 가장 큰 슬픔을 간직한 나무라 불리기도 합니다.

─ 해미읍성 느티나무(8-14-12-1-383 보호수)

서산 해미읍성 내 느티나무는 1982년 보호수로 지정될 당시 수령 200년으로 기록된 나무로, 천주교 탄압이 시작되기 100년 전 이미 해미읍성에 뿌리를 내린 나무입니다. 이 느티나무는 권력과 부의 상징으로 여겨지는 동헌 앞에 자리하며 웅장하고 아름다운 수형을 자랑합니다. 반면, 근처의 회화나무는 형틀로 쓰이며 수많은 희생의 흔적을 간직한 채 앙상한 모습으로 남아 있습니다. 한쪽은 풍요와 권세의 상징으로, 다른 한쪽은 고통과 희생의 증인으로 서 있는 두 나무의 대비는 해미읍성이 품고 있는 역사의 무게를 더욱 깊이 느끼게 합니다.

43. 서천 국립생태원(충청남도 서천군 마서면 금강로 1210)

국립생태원은 생태와 생태계에 관한 조사와 연구 및 전시교육 등을 체계적으로 수행하여 환경을 보전하고 올바른 환경의식을 함양하기 위하여 설립된 대한민국 환경부 산하 기관이자 대한민국 최대 생태 전시관입니다. 한반도 생태계를 비롯하여 열대, 사막, 지중해, 온대, 극지 등 세계 5대 기후와 그곳에서 서식하는 동식물을 한눈에 관찰하고 체험해 볼 수 있는 고품격 생태연구 및 전시 그리고 교육의 공간이기도 합니다.

근교 추천   ❶ 초원사진관(4.8km) ❷ 신흥동일본식가옥(6km) ❸ 신성리갈대밭(19km)

방문 정보   주차 : 무료 | 입장료 : 어른 5,000원 어린이 2,000원 | 관람시간 : 09:30~18:00 / 매주 월요일 휴관

─ 서천 마량리 동백나무숲(천연기념물 제169호)

　서천 팔경 중 하나로 손꼽히는 서면 마량리 동백나무숲에는 수령 500년의 동백나무 85주가 울창한 숲을 이루고 있습니다. 이곳은 우리나라에서 자생하는 대표적인 동백나무 군락지 중 하나로, 바닷바람과 염분에 강한 내염성 수목인 동백나무가 해안 환경에 적응하여 오래도록 보존된 사례로 꼽힙니다.

　3월 하순부터 5월 초순까지 푸른 잎 사이로 수줍은 듯 피어나는 붉은 동백꽃은 장관을 이루며, 햇빛을 받아 반짝이는 꽃잎과 짙은 녹음이 대조를 이루어 한 폭의 동양화를 연상시키는 절경을 만들어냅니다.

　서천 국립생태원에서 서천 마량리 동백나무숲까지의 거리는 약 30km입니다.

　　　　　　　　　　　　　여행길에 만난 나무 이야기

44. 추사고택(충청남도 예산군 신암면 추사고택로 261)

추사고택은 조선 후기 실학자이자 고증학자, 역사학자, 서예가였던 추사 김정희(1786~1856)가 태어나고 성장한 고택이자 그의 묘소가 자리한 역사적 장소입니다.

예산군 제3경으로 선정될 만큼 아름다운 자연경관과 함께 추사 김정희의 삶과 학문, 예술이 깃든 공간으로, 조선 후기의 학문과 서예의 중심지였던 곳입니다. 추사의 지혜와 고고함이 배어있는 고택 한 채 한 채를 거닐다 보면 기둥마다 새겨진 주련과 추사의 작품들, 그리고 오래된 손길에서 지성이 충만해짐을 느낄 수 있습니다.

근교 추천   ❶ 의좋은형제공원(19km) ❷ 윤봉길의사기념관(21km) ❸ 봉수산자연휴양림(21km)

방문 정보   주차 : 무료 | 입장료 : 무료 | 관람시간 : 상시

─예산 용궁리 백송(천연기념물 제106호)

수령 약 200년으로 추정되는 예산 용궁리 백송은 추사 김정희가 25세 때 청나라 연경을 다녀오면서 가져온 씨앗을 그의 고조부 김흥경의 묘소 앞에 심은 나무로 전해집니다. 원래 세 갈래로 자라며 아름다운 수형을 이루었으나, 현재는 두 가지가 말라죽고 한 가지만 남아 있습니다. 백송은 예로부터 중국에서만 자생하는 희귀 수종으로, 오래되고 수형 좋은 대부분의 백송은 조선 시대에 중국에 사신으로 다녀온 사람들이 들여온 것으로 알려져 있습니다.

추사고택에서 예산 용궁리 백송까지의 거리는 약 300m입니다.

제7장

전라북도

45. 선운사(전라북도 고창군 아산면 선운사로 25)

선운사는 일명 '도솔산'이라고도 불리는 선운산 북쪽 기슭에 자리한 천년 고찰로, 577년(백제 위덕왕 24년) 고승 검단(黔丹)이 창건한 것으로 전해집니다. 가을이면 꽃무릇이 붉게 물들고, 겨울에는 동백꽃이 만개해 사시사철 다채로운 자연미를 선사하는 명소입니다.

또한, 선운사는 불교 문화의 정수를 간직한 사찰로, 보물 제290호로 지정된 대웅보전을 비롯해 참당암 석조비로자나불좌상(보물 제1753호), 동불암지 마애여래좌상(보물 제1200호), 선운사 금동보살좌상(보물 제278호) 등 20여 건의 지정문화재와 다양한 불교 유물이 보존되어 있습니다.

근교 추천   ❶ 고창고인돌박물관(14km) ❷ 고창읍성(21km) ❸ 보리나라학원농장(26km)

방문 정보   주차 : 무료 | 입장료 : 무료 | 관람시간 : 09:00~18:00

─ 고창 삼인리 송악(천연기념물 제367호)

송악 꽃   송악 열매   송악 잎

송악은 두릅나무과에 속하는 늘푸른 덩굴식물로, 줄기에서 뿌리가 나와 암석 또는 다른 나무 위에 붙어 자라는 특성이 있습니다. 고창 삼인리 송악은 선운사 입구 절벽을 뒤덮으며 자라고 있으며, 수백 년 이상 된 것으로 추정됩니다.

송악은 추위에 약해 주로 남부 해안과 섬 지역에서 자생하지만, 삼인리 송악이 있는 고창 선운사 일대는 내륙에서 자랄 수 있는 가장 북쪽 지역 중 하나입니다. 이러한 생태적 희귀성을 인정받아 천연기념물로 지정되어 보호되고 있으며, 남부 지방에서는 소의 먹이로 사용되어 '소밥'이라는 별칭으로도 불립니다.

─ 고창 선운사 동백나무 숲(천연기념물 제184호)

　고창 선운사 동백나무숲은 우리나라에서 가장 오래된 동백나무 군락지 중 하나로, 577년 백제 위덕왕 때 선운사가 창건된 이후 조성된 숲입니다. 조선 성종 대에는 동백기름을 짜기 위해 동백나무를 심었으며, 동시에 산불을 예방하기 위한 방화림의 역할도 수행했던 것으로 전해집니다. 현재 3,000여 그루의 동백나무가 선운사 대웅전 뒤를 병풍처럼 둘러싸고 있습니다. 이처럼 사찰림(寺刹林)으로서의 역사적 가치뿐만 아니라, 오래된 동백나무 군락으로서의 생물학적 보존 가치도 높아 천연기념물로 지정·보호되고 있습니다.

여행길에 만난 나무 이야기

동백 꽃   동백 열매   동백 잎

    동백꽃은 꽃이 질 때 꽃잎이 하나씩 흩어지는 것이 아닌 꽃봉오리가 통째로 뚝 떨어지는데, 이러한 특성은 불교의 핵심 교리 중 하나인 무상(無常), 즉 모든 것은 영원하지 않고 덧없다는 가르침을 상징하는 것으로 여겨지며 사찰 주변에 동백나무를 많이 심는 이유이기도 합니다.

    이처럼 선운사 동백나무숲은 단순한 자연림을 넘어 불교 철학을 담은 상징적인 공간으로서도 중요한 의미를 지닙니다.

─ 선운사 도솔암 장사송(천연기념물 제354호)

선운사 도솔암 장사송은 약 600년 수령의 소나무로, 나무의 생육 상태가 양호하고 수형이 아름다워 천연기념물 제354호로 지정된 보호수입니다. 겉보기에는 여느

여행길에 만난 나무 이야기

소나무같이 생겼으나, 지상 약 40cm 지점에서 두 갈래로 갈라졌다가 높이 2.2m에서 다시 합쳐지는 독특한 형태를 지니고 있어 반송(盤松, 수형이 낮고 옆으로 퍼지는 형태의 소나무)에 해당합니다.

　선운사에서 도솔암으로 가는 길가에 있는 진흥굴 앞에서 자리하고 있으며, 고창 사람들에게 '장사송' 또는 '진흥송'으로 불립니다. '장사송'은 이 지역의 옛 지명인 장사현에서 유래한 것이고 '진흥송'은 진흥왕이 수도했다는 진흥굴 앞에 위치한 데서 비롯된 것입니다

— 고창 교촌리 멀구슬나무(천연기념물 제503호)

멀구슬나무 꽃   멀구슬나무 열매   멀구슬나무 잎

　　멀구슬나무는 남부 지방에서만 자라는 희귀 수종으로, 중부지방에서는 다소 생
경한 나무입니다. 이 나무의 가장 두드러진 특징은 늦봄부터 초여름까지 피어나는
보랏빛의 작은 꽃과 그 꽃에서 퍼지는 매혹적인 향기입니다. 은은하면서도 깊은 향

기는 주변을 감싸며 자연스럽게 사람들을 끌어당기는 힘을 가지고 있습니다.

멀구슬나무는 따뜻한 기후에서 잘 자라는 수종으로, 제주에서 말의 목에 거는 구슬을 닮았다 하여 '멀쿠실낭'이라 불렸고, 이후 '멀구슬나무'라는 이름으로 굳어졌습니다.

과거에는 해충 퇴치 효과가 있는 것으로 알려져 민가 주변에 심어졌으며, 한방에서는 약재로도 활용되었습니다. 따뜻한 기후에서 잘 자라는 특성 때문에 중부 지방에서는 매우 드물어 생태학적으로도 가치가 높은 희귀종으로 평가됩니다.

그중에서도 고창 교촌리 멀구슬나무는 천연기념물로 지정된 유일한 멀구슬나무로, 고창군청 청사 앞에 자리하며, 수령은 약 200년으로 선운사에서 약 19km 떨어져 있습니다.

─ 고창 수동리 팽나무(천연기념물 제494호)

　천연기념물 팽나무 중 흉고 둘레가 가장 큰 수동리 팽나무는 8월 보름에 당산제와 줄다리기 등 민속놀이를 벌이면서 마을의 안녕과 풍년을 기원하던 당산나무입니다. 과거 마을 앞바다를 간척하기 전에는 바닷물이 팽나무 앞까지 들어와 배를 묶어 두었던 나무였으며, 오랫동안 대동(大洞) 마을과 함께해온 역사성이 깊은 나무로 수령은 약 400년입니다.

　이 나무는 선운사에서 약 14km 떨어진 고창군 부안면 수동리 446에 위치해 있습니다.

46. 고창 청보리밭 (전라북도 고창군 공음면 선동리 산119-2)

고창 학원농장은 계절마다 색채가 변하는 아름다운 경관을 자랑하는 곳으로, 겨울부터 봄까지

는 청보리와 유채꽃이, 여름과 가을에는 해바라기와 메밀밭이 드넓게 펼쳐집니다.

특히, 넓고 완만한 구릉지를 따라 이어지는 청보리밭은 국내 최대 규모를 자랑하며, 매년 4~5월

경 열리는 '고창 청보리밭 축제'는 많은 방문객이 찾는 대표적인 농촌 체험 행사입니다.

자연 그대로의 숲과 호수, 드넓은 들판이 어우러진 풍경 덕분에 영화와 드라마 촬영지로도 유명하

며, 농업과 자연이 조화롭게 어우러져 농촌의 소중한 가치를 되새기게 하는 장소이기도 합니다.

근교 추천   ❶ 고인돌박물관(18km)   ❷ 고창읍성(22km)   ❸ 선운사(27km)   ❹ 선운산생태숲(27km)

방문 정보   주차 : 무료 | 입장료 : 무료 | 관람시간 : 상시

- 고창 중산리 이팝나무(천연기념물 제183호)

　이팝나무는 물푸레나무과에 속하는 낙엽활엽 교목으로, 5월이면 나무 전체가 하얀 꽃으로 뒤덮여 '이밥(쌀밥)나무'라는 이름이 유래되었다고 합니다. 또한, 여름이 시작될 때인 입하 무렵 꽃이 피어 '입하목(立夏木)'에서 유래하여 변형된 명칭이라는 설도 있습니다. 수령 250년의 고창 중산리 이팝나무는 오랜 세월 조상들의 애정 어린 보살핌 속에서 자라며 역사적 · 문화적 의미까지 더해져 천연기념물로 지정 · 보호되고 있습니다.

　고창 학원농장(청보리밭)에서 약 10km 떨어진 대산면 중산리 313-1에 위치하고 있습니다.

　　　　　　　　　　　　　　　　　　　여행길에 만난 나무 이야기

– 고창 하고리 왕버들나무 숲(전라북도 기념물)

고창 하고리 왕버들나무 숲은 삼태마을 앞 천변 양옆으로 하천 둑을 따라 200~300살 된 느티나무와 소나무, 왕버들나무 등 10여 종 90여 그루의 나무들이 있습니다. 앞산에 올라 내려다보면 마을이 배 형상으로 보이기 때문에 배를 단단히 매 놓지 않으면 마을 앞으로 흐르는 거친 대산천에 마을이 떠내려갈 형국이라, 이에 마을 사람들은 배를 묶을 말뚝 대신 나무를 심었고 그 나무들이 오늘날까지 이어져 자라고 있습니다.

이곳은 생명의숲, 유한킴벌리, 산림청이 주최하는 2014년 제15회 아름다운 숲 전국 대회에서 대상으로 선정되기도 했으며, 고창 학원농장(청보리밭)에서 약 10km 떨어진 성송면 하고리 123에 위치하고 있습니다.

47. 벽골제(전라북도 김제시 부량면 벽골제로 442)

사진 출처 : 벽골지기

벽골제(碧骨堤)는 김제시 포교리와 월승리 일대에 조성된 우리나라에서 가장 오래되고 규모가 큰 저수지로, 삼국 시대(백제)부터 축조된 것으로 추정되며, 국내 수리시설 발전의 중요한 유적으로 평가됩니다.

농업 국가였던 우리 조상들이 일찍부터 체계적인 관개시설을 갖추고 농경문화를 발전시켜온 지혜를 보여주는 곳으로, 금산사, 김제향교, 아리랑문학마을 등과 인접하여 김제의 역사와 문화를 함께 둘러볼 수 있는 관광지로도 손꼽힙니다.

근교 추천 　❶ 아리랑문학마을(3.6km)　❷ 김제향교(6km)　❸ 서림공원(18km)　❹ 금산사(27km)

방문 정보 　주차 : 무료 ｜ 입장료 : 성인 3,000원 어린이 1,000원 ｜ 관람시간 : 매주 월요일 휴관

─ 행촌리 느티나무(천연기념물 제280호)

전라북도 김제시 봉남면 행촌리 230-2에 위치한 행촌리 느티나무는 600년 이상 마을과 함께해온 고목으로, 주민들의 단합과 친목을 도모하는 중심적인 역할을 해왔습니다. 이 나무는 마을을 지켜주는 신목으로 여겨져 오랜 세월 동안 주민들의 안녕과 풍년을 기원하는 신앙적 의미를 지닌 공간으로 자리해 왔습니다. 마을에서는 해마다 정월 대보름이 되면 느티나무 줄기에 동아줄을 매고 마을 사람들이 모여 줄다리기를 하며 행운과 풍요를 기원하는 전통 풍속을 이어오고 있습니다.

김제 벽골제에서 행촌리 느티나무까지의 거리는 약 16km입니다.

48. 남원 광한루원(전라북도 남원시 요천로 1447)

남원 광한루원은 조선 시대의 대표적인 누정(樓亭) 문화유산으로, 1963년 보물로 지정된 광한루를 비롯해 완월정, 오작교, 월매집, 춘향관 등 다양한 문화·역사적 볼거리가 가득한 명승지입니다. 광한루는 원래 조선 초기 황희 정승이 남원에 유배되었을 당시 세운 광통루에서 유래하였으며, 이후 1419년 전라감사 정인지에 의해 광한루로 개칭되었습니다.

특히 이곳은 춘향과 이몽룡이 처음 만나 사랑을 맺은 장소인 고전소설《춘향전》의 배경지로 유명합니다. 이러한 문학적 가치를 바탕으로 현재까지 다양한 공연과 문화행사가 열리며 전통의 멋과 낭만을 느낄 수 있는 명소로 자리 잡고 있습니다.

근교 추천   ❶ 남원향교(2.7km)   ❷ 혼불문학관(17km)   ❸ 섬진강기차마을(17km)   ❹ 이웅재고가(18km)

방문 정보   **주차** : 2,000원 | **입장료** : 어른 4,000원 어린이 1,500원 | **관람시간** : 08:00~21:00

– 남원 진기리 느티나무(천연기념물 제281호)

남원 진기리 느티나무는 수령 약 600년의 유서 깊은 고목으로, 단양 우씨 가문이 마을에 처음 정착할 때 심은 나무라고 전해집니다. 조선 세조 때 힘이 장사였던 무관 우공(禹公)이 마을 뒷산에서 직접 뽑아와 심었다는 이야기가 전해지며, 그는 이시애의 난(1467)을 평정하는 데 공을 세워 적개공신 3등의 녹훈을 받고 경상좌도수군절도사를 지낸 인물로 알려져 있습니다.

이 느티나무는 단순한 보호수를 넘어 단양 우씨 가문의 마을 형성 과정과 연관된 중요한 역사적 자료로서 문화적 가치를 인정받아 천연기념물로 지정되었습니다.

남원 광한루원에서 전북 남원시 보절면 진기리 495에 위치한 진기리 느티나무까지의 거리는 약 14km입니다.

49. 내소사(전라북도 부안군 진서면 내소사로 243)

내소사는 변산반도의 남쪽, 세봉 아래에 자리한 천년고찰로, 삼면이 산으로 포근하게 둘러싸인 곳에 위치하고 있습니다. 일주문을 지나 600m 정도 이어지는 전나무 숲길은 내소사의 대표적인 명소로, 봄과 가을이면 이 전나무 숲길이 끝나는 지점에서 천왕문까지의 길은 단풍나무와 벚나무가 터널을 이루어 환상적인 경관을 자아냅니다. 또한, 대웅보전의 연꽃과 국화 문양이 새겨진 꽃 창살 사방연속무늬는 나무의 자연스러운 빛깔과 결을 그대로 살려 절제의 미가 돋보이며 내소사의 고풍스러운 멋을 더해줍니다.

근교 추천 ❶ 개암사(17km) ❷ 채석강(18km) ❸ 수성당(20km) ❹ 적벽강노을길(20km)

방문 정보 주차 : 시간당 1,100원 │ 입장료 : 무료 │ 관람시간 : 06:00〜19:00

− 내소사의 할머니·할아버지 느티나무 (9-15-2 보호수)

할머니 느티나무   할아버지 느티나무

사찰 뜰에 자리한 할머니 느티나무는 수령 1,000년이 넘는 고목으로, 내소사의 역사와 함께하며 신성한 존재로 여겨집니다. 전해 내려오는 이야기로는, 부처님 오신 날에 이곳에서 제사를 지내고 정성을 다하면 자손을 얻을 수 있다는 설이 있습니다.

한편, 일주문 입구에 자리한 할아버지 느티나무는 수령 700년의 고목으로, 예로부터 사찰을 지키는 수호수로 여겨져 왔습니다. 내소사를 찾는 방문객을 맞이하며 평온한 기운을 품고 있는 이 나무는 오랜 세월 동안 마을과 사찰을 지켜온 상징적인 존재로 자리하고 있습니다.

50. 채석강 적벽강 일원(전라북도 부안군 변산면 격포리 301-1)

채석강과 적벽강은 변산반도를 대표하는 절경지로, 수천만 년 동안 파랑의 침식 작용에 의해 형성된 웅장한 해식 절벽과 기암괴석이 장관을 이루는 곳입니다. 특히 채석강의 해안 절벽은 마치 책을 층층이 쌓아놓은 듯한 모습을 하고 있으며, 밀물과 썰물에 따라 다양한 형태의 해식동굴과 기암괴석이 모습을 드러내 신비로운 풍경을 자아냅니다.

채석강이라는 이름은 중국 당나라 시인 이태백이 배를 띄우고 술을 마시며 놀았다는 중국의 채석강과 흡사하다 하여 붙여졌고, 적벽강 역시 당나라 시인 소동파가 시를 읊으며 노닐던 중국의 적벽강과 유사해 그 이름이 유래되었습니다.

근교 추천   ❶ 격포항(1.2km)   ❷ 변산해수욕장(9.3km)   ❸ 휘목미술관(16km)   ❹ 내소사(20km)

방문 정보   **주차 : 무료** | **입장료 : 무료** | **관람시간 : 상시**

— 부안 격포리 후박나무 군락(천연기념물 제123호)

후박나무 꽃   후박나무 열매   후박나무 잎

    부안 격포리 후박나무 군락은 해안 절벽을 따라 형성된 천연기념물로, 약 200m 구간에 걸쳐 132그루의 후박나무가 자생하는 국내 희귀 서식지입니다. 이곳은 육지에서 후박나무가 자생할 수 있는 최북단 지역으로, 기후적·생태적 적응력이 뛰어

난 군락으로 평가되어 천연기념물 제123호로 지정되어 보호받고 있습니다.

후박나무는 녹나무과에 속하는 상록활엽수로, 겨울에도 낙엽이 지지 않는 늘 푸른 나무입니다. 주로 남부 해안 지역과 도서 지방에서 자생하며 우리나라가 원산지인 세계적으로 희귀한 수종으로 알려져 있습니다. 대부분의 후박나무는 높이 약 4m에 달하며, 강한 바닷바람과 염분이 많은 환경에서도 견딜 수 있는 강한 내염성과 내건성을 지닌 대표적인 해안 수종입니다.

봄철이 되면 새순과 어린 잎이 분홍색 또는 주황색으로 물들어 마치 꽃이 핀 듯한 화려한 경관을 연출하는 것이 특징이며, 다른 상록수에서는 보기 힘든 독특한 생태적 특성을 지니고 있습니다. 또한, 후박나무는 과거부터 한약재(건위·진통제)로 활용되었으며, 해풍을 막는 방풍림, 마을을 보호하는 당산목(堂山木) 등 다양한 역할을 수행해 왔습니다.

'후박(厚朴)'이라는 이름은 '인정이 두텁고 거짓이 없다'는 의미를 가지며, 후박나무의 두꺼운 잎과 나무 껍질의 특징에서 유래되었습니다. 이 후박나무 군락은 채석강·적벽강 일원에서 약 3km 거리에 위치해있습니다.

– 부안 도청리 호랑가시나무 군락(천연기념물 제122호)

호랑가시나무 꽃   호랑가시나무 열매   호랑가시나무 잎

　부안 도청리 호랑가시나무 군락은 도청리의 남쪽 해안가 산에 약 50여 그루가 듬성듬성 집단을 이루어 자라고 있습니다. 호랑가시나무는 감탕나무과에 속하는 상록활엽수로, 한겨울에도 푸른 잎을 유지하는 강한 내한성을 지닌 것이 특징입니다.

주로 전남 남해안과 제주도 서해안 일대에서 분포하며, 해안가의 강한 바람과 염분에도 잘 적응하여 자라납니다.

잎 끝이 가시처럼 날카롭게 뾰족한 형태를 이루고 있어, 과거에는 호랑이의 등을 긁는 데 사용될 수 있다 하여 '호랑이등긁기나무'라는 별칭으로 불렸으며, '묘아자나무'라는 이름으로도 불립니다.

9~10월경에는 붉은 열매가 맺히며, 겨울철 눈 속에서도 선명한 붉은 빛을 유지하는 관상적 가치가 높아 정원수 및 크리스마스 장식용 나무로도 많이 활용됩니다. 호랑가시나무는 과거 궁궐이나 한옥 정원에서 길조(吉兆)와 액운을 막는 나무로 여겨져 심어지기도 했으며, 한방에서는 잎과 열매를 약재로 사용하기도 했습니다.

도청리 호랑가시나무 군락은 채석강·적벽강 일원에서 약 8km 거리에 위치해 있습니다.

여행길에 만난 나무 이야기

51. 백제왕궁박물관(전라북도 익산시 왕궁면 궁성로 666)

백제왕궁박물관은 백제 왕국이 있던 왕궁리 유적의 역사와 문화적 가치를 알리기 위해 조성된 박물관으로, 1989년부터 시작된 왕궁리 유적 발굴 조사의 성과를 바탕으로 2008년 개관하였습니다. 왕궁리 유적은 한국·중국·일본 간의 고대 문화 교류를 보여주는 중요한 유적으로 평가되며, 이러한 역사적 가치를 인정받아 2015년 유네스코 세계유산으로 등재되었습니다. 박물관은 실내 전시와 야외 전시, 상설 전시실과 기획 전시실을 통해 금속 및 유리 공예품, 토기류 등 왕궁리 유적에서 출토된 300여 점의 주요 유물을 선별하여 전시하고 있습니다.

이곳에서 백제 왕궁에서의 생활상을 복원한 다양한 자료를 볼 수 있으며, 왕궁리 오층석탑과 사찰터, 궁궐 유적이 함께 자리한 특별한 역사 공간에서 백제의 문화와 생활을 더욱 생생하게 체험할 수 있습니다.

근교 추천 ❶ 미륵사지(5.9km) ❷ 익산보석박물관(6.3km) ❸ 전주한옥마을(22km)

방문 정보 **주차** : 무료 | **입장료** : 어른 2,000원 어린이 1,000원 | **관람시간** : 09:00~18:00 / 매주 월요일 휴관

— 전주 삼천동 곰솔(천연기념물 제355호)

　전주 완산구 삼천동 1가에 위치한 삼천동 곰솔은 내륙 지역에서는 드물게 자라는 희귀한 사례로, 수령은 약 280살 정도로 추정됩니다. 이 나무는 1990년대 초 안행 지구 택지개발로 인해 주변 환경이 변화하면서 수세가 약해졌으며, 2001년에는 누군가 독극물을 주입하면서 16개 가지 중 12개가 말라죽는 피해를 입었습니다. 그러나 남아 있던 4개의 가지가 기적적으로 살아남아 현재는 고사 위기를 극복하고 건강하게 자라고 있습니다.

　백제왕궁박물관에서 완산구 삼천동 1가 삼천동 곰솔까지의 거리는 약 29km입니다.

　　　　　　　　　　　　　　　　　　　　여행길에 만난 나무 이야기

52. 아가페정원 (전라북도 익산시 황등면 율촌길 9)

아가페정원은 1970년 故 서정수 신부가 설립한 노인복지시설 '아가페정양원' 내에 조성된 자연

친화적인 수목 정원입니다. 시설 내 어르신들의 건강하고 행복한 노후를 위해 조성된 공간으로,

마치 수목원을 연상케 할 만큼 잘 가꾸어진 정원이 특징입니다.

계절마다 수선화, 튤립, 목련, 양귀비 등 아름다운 꽃의 향연이 이어지고, 하늘 높이 뻗은 메타세

쿼이아와 향나무, 소나무, 오엽송, 공작단풍 등 관상수로 이어지는 숲길은 '치유의 숲'이라 불릴

정도로 아름다운 경관을 자랑합니다.

근교 추천   ❶ 서동공원(12km)   ❷ 백제왕궁박물관(13km)   ❸ 익산공룡테마공원(16km)

방문 정보   **주차** : 무료 | **입장료** : 무료 | **관람시간** : 09:00~18:00 / 주말과 휴일은 사전예약제, 매주 월요
일 휴원

─ 아가페정원 메타세쿼이아길

메타세쿼이아 꽃   메타세쿼이아 열매   메타세쿼이아 잎

　메타세쿼이아는 소철, 은행나무와 함께 '살아있는 화석 나무'로 불리며, 약 1억 년 전 중생대 백악기부터 존재했던 고대 식물로 알려져 있습니다. 원산지는 중국 양쯔강 유역으로, 1941년 중국에서 처음 발견된 후 학계에 보고되어 멸종된 것으로

여겨졌으나 살아있는 개체가 발견되면서 20세기 가장 큰 식물학적 발견 중 하나로 평가되었습니다.

메타세쿼이아는 낙엽침엽수로, 주로 조경수, 가로수, 조림수로 많이 식재되며, 나무 전체가 균형 잡힌 피라미드 형태의 수형을 이루는 것이 특징입니다. 나무껍질은 적갈색을 띠고 시간이 지나면서 회갈색으로 변하고 세로로 얕게 갈라지며 벗겨지는 특성을 가집니다.

우리나라에는 1956년 현신규 박사(대한민국 식물학자)가 처음 들여와 심기 시작하였으며, 이후 전국적으로 가로수 및 경관수로 널리 활용되고 있습니다. 담양 메타세쿼이아 가로수길은 국내 대표적인 메타세쿼이아 명소로, 웅장한 숲길을 이루며 많은 방문객들에게 사랑받고 있습니다.

53. 논개사당(전라북도 장수군 장수읍 논개사당길 41)

논개사당은 임진왜란(1592~1598) 당시 진주 촉석루에서 왜장을 유인해 남강으로 몸을 던진 주논개의 넋을 기리기 위해 세워진 사당입니다. 이곳에는 주논개의 영정이 모셔져 있으며, 그녀의 충절과 희생정신을 기리기 위한 공간으로 자리 잡고 있습니다.

현재 논개사당은 '의암사'로 불리는데, 이는 논개가 왜장을 끌어안고 뛰어내린 바위를 훗날 '의암'이라 부른 것에서 유래되었습니다. 사당 주변에는 주논개의 충절을 기리기 위한 다양한 기념물과 해설 안내판이 마련되어 있으며, 방문객들이 그녀의 삶과 업적을 깊이 되새길 수 있도록 조성되어 있습니다.

근교 추천	❶ 뜬봉샘생태공원(7.8km) ❷ 의암주논개생가지(13km) ❸ 와룡자연휴양림(15km)
방문 정보	주차 : 무료 | 입장료 : 무료 | 관람시간 : 상시

— 장수 장수리 의암송(천연기념물 제397호)

　　장수군청 앞에 자리한 장수리 의암송은 임진왜란 당시 진주 촉석루 아래 의암에서 일본군 장수를 끌어안고 의롭게 죽은 주논개의 충절을 상징하는 나무입니다. 1588년경 주논개가 직접 심었다고 전해지며, 현재 수령 약 400년으로 추정됩니다. 이 나무는 마치 용이 꿈틀거리듯 두 줄기가 서로 휘감아 하늘을 향해 뻗어 오른 독특한 형태를 하고 있어, 논개의 굳은 절개와 희생정신을 상징하는 듯한 웅장한 자태를 자랑합니다.

　　논개사당으로부터 의암송까지의 거리는 약 1.1km입니다.

— 장수군청 앞 은행나무(9-9-2 보호수)

장수군청 앞에 위치한 은행나무는 장수리 의암송과 나란히 서 있는 유서 깊은 노거수로, 수령 약 450년으로 추정됩니다.

이 은행나무는 1577년경 장수현감 최경회가 부임했을 당시 군청사 뒤편에 있던 옹달샘의 맑고 시원한 물을 기념하기 위해 식재했다고 전해집니다. 최경회는 임진왜란 당시 진주성 전투에서 의병을 이끌고 항전하다 순국한 충신으로, 그가 심은 이 은행나무 역시 나라를 위한 희생과 충절의 상징으로 여겨지고 있습니다.

- 장수 봉덕리 느티나무(천연기념물 제396호)

봉덕리 마을을 내려다보는 언덕 위에 위치한 봉덕리 느티나무는 수령 약 500년으로, 오랜 세월 동안 마을의 수호신 같은 존재로 여겨져 왔습니다.

매년 정월 초사흘, 마을 주민들은 이 느티나무 아래에서 당산제를 올리며 마을의 안녕과 풍년을 기원하고 있습니다. 더불어, 마을의 중요한 결정이나 크고 작은 일을 논의할 때도 언제나 이 나무 아래에 주민들이 모여 의견을 나누는 공동체의 중심 공간 역할을 해왔습니다.

넓게 퍼진 수관과 웅장한 자태를 자랑하는 봉덕리 느티나무는 논개사당으로부터 약 12km 거리에 위치해 있습니다.

54. 마이산 도립공원
(전라특별자치도 진안군 진안읍 마이산로 130)

마이산은 암마이봉(686m)과 수마이봉(681m)을 비롯한 10여 개의 작은 봉우리로 이루어진 독특한 바위산으로, 국내에서 보기 드문 신비로운 풍경을 자랑합니다. 마이산의 대표적인 사찰인 탑사는 80여 개의 돌탑으로 유명하며, 이 돌탑들은 오랜 세월 동안 자연재해에도 무너지지 않는 신비로운 구조로 많은 방문객들의 호기심을 불러일으킵니다.

은수사에서 마이산 탑사까지 이어지는 등산로는 아름다운 풍경을 자랑하며, 인근의 부귀 메타세쿼이아길, 데미샘 자연휴양림, 진안고원 치유숲 등과 연계하여 다채로운 자연을 만끽할 수 있습니다. 이러한 신비로운 자연경관과 역사적 가치를 인정받아 마이산과 탑사는 세계적인 여행 안내서 프랑스 미슐랭 그린가이드에서 최고 등급인 별 3개를 획득한 명소로 선정되었습니다.

근교 추천	❶ 은수사(2.1km) ❷ 부귀메타세쿼이아길(17km) ❸ 데미샘자연휴양림(21km)
	❹ 진안고원치유숲(22km)
방문 정보	주차 : 무료 | 입장료 : 어른 4,000원 어린이 2,000원 | 관람시간 : 상시

― 마이산 줄사철나무 군락(천연기념물 제380호)

줄사철나무 꽃 　　　줄사철나무 열매 　　　줄사철나무 잎

　줄사철나무는 덩굴성 상록활엽수로, 잎의 형태가 사철나무와 유사하지만 더 작고 타원형인 것이 특징입니다. 줄기에서 공기뿌리(기근)가 내려와 다른 나무나 바위에 붙어 자라는 성질이 있어, '줄사철나무'라는 이름이 붙여졌습니다.

　마이산은 줄사철나무가 생육할 수 있는 북방 한계선으로, 기후 적응성과 생태적 희귀성이 높아 천연기념물 제380호로 지정·보호되고 있습니다. 마이산 줄사철나무 군락은 1910년 마이산 탑을 축조한 이갑룡이 식재한 것으로 전해지며, 현재까지도 마이산 절벽과 은수사, 탑사 일대 곳곳에서 자생하고 있습니다.

줄사철나무는 일반적으로 온난한 남부 해안 지역에서 자라는 식물이지만, 마이산과 같은 내륙 산악지대에서 군락을 이루며 생존하는 사례는 매우 드물어 학술적·생태학적으로 높은 가치를 지니고 있습니다.

여행길에 만난 나무 이야기

─ 마이산 능소화

능소화 꽃   능소화 열매   능소화 잎

　능소화는 여름을 대표하는 꽃으로, 화려한 색감과 우아한 자태를 지닌 덩굴식물입니다. 과거에는 양반가에서만 재배할 수 있었기 때문에 '양반꽃'이라고도 불렸으며, 전통적으로 귀한 신분을 상징(象徵)하는 꽃으로 여겨졌습니다.

　마이산 능소화는 남부 암마이봉 절벽을 따라 35m 높이까지 자라며, 매년 6월부터 8월까지 약 1만여 송이의 붉은 꽃이 만개해 장관을 이룹니다. 절벽을 타고 흐르듯 피어나는 꽃송이들은 마이산의 웅장하고 신비로운 경관과 어우러져 마치 한 폭의 그림 같은 풍경을 연출합니다.

능소화는 양반가의 담장을 장식하던 대표적인 정원수였으며, 조선 왕실에서도 즐겨 심었던 꽃으로 예로부터 귀한 대접을 받아왔습니다. 꽃말 역시 명예, 여성스러움, 기다림을 의미하며 오랜 역사와 전통을 지닌 식물입니다.

여행길에 만난 나무 이야기

55. 마이산 은수사(전라북도 진안군 마령면 동촌리 5)

마이산 은수사는 전라북도 진안군 마령면 동촌리에 있는 한국불교태고종 소속의 사찰입니다.

조선 태조 이성계가 새 왕조를 꿈꾸며 기도를 올렸던 장소로 전해지며, '은수사(銀水寺)'라는 이름 역시 기도 중에 마셨던 샘물이 은처럼 맑았다는 데서 유래되었습니다. 사찰 내에는 무량광전, 대적광전, 태극전, 산신당, 마이산 산신각, 요사채 등의 건물이 있고 국내 최대 크기인 법고(法鼓)가 소장되어 있어 많은 방문객들의 관심을 끌고 있습니다.

아울러, 은수사는 마이산의 기운을 받으며 수행과 기도의 도량으로 활용된 유서 깊은 장소로, 신비로운 분위기와 조용한 명상 공간을 제공합니다.

근교 추천	❶ 원연장꽃잔디마을(13km) ❷ 모래재메타세쿼이아길(23km) ❸ 용담호공원(24km)
방문 정보	주차 : 무료 ┃ 입장료 : 무료 ┃ 관람시간 : 상시

— 은수사 청실배나무(천연기념물 제 386호)

청실배나무 꽃

청실배나무 열매

청실배나무 잎

바위산인 마이산 자락에 자리한 은수사 마당에는 수령 650년 이상으로 추정되는 특별한 나무, 청실배나무가 자라고 있습니다. 이 나무는 조선을 건국한 이성계가 백일기도를 올린 후 직접 심었다고 전해집니다. 보기 드문 아름다운 수형을 자랑하는 은수사 청실배나무는 우리나라 산과 들에서 자라는 산돌배나무의 변종으로 알

여행길에 만난 나무 이야기

려져 있으며, 천연기념물 제386호로 지정되어 보호받고 있습니다.

마이산 탑사에서 은수사까지의 거리는 약 400m로, 비교적 가까운 거리에 위치해 있어 함께 둘러보기 좋습니다.

56. 정천 망향의 동산(전라북도 진안군 정천면 모정리 970-40)

정천 망향의 동산은 용담댐 건설로 인해 수몰된 정천면 지역 주민들을 위해 조성된 공원입니다. 이곳에는 망향탑과 망향의 정자가 자리하고 있으며, 정자에 오르면 용담호의 수려한 경관이 한눈에 들어와 산과 물이 어우러진 절경을 감상할 수 있습니다.

또한, 수몰된 정천면 지역에서 옮겨온 비석들이 보존되어 있어, 과거의 흔적을 간직한 채 이곳을 찾는 이들에게 깊은 여운을 남깁니다. 고향을 떠나야만 했던 주민들의 아픔과 그리움을 담아, 면민들의 뜻에 따라 조성된 이 공원은 정천면의 역사와 정서를 되새길 수 있는 의미 깊은 공간입니다.

근교 추천 ❶ 태고정(6.2km) ❷ 용담호(11km) ❸ 원연장꽃잔디마을(21km) ❹ 마이산(26km)

방문 정보 주차 : 무료 | 입장료 : 무료 | 관람시간 : 상시

— 진안 천황사 전나무(천연기념물 제495호)

　전나무 가운데 천연기념물로 지정된 나무는 진안 천황사 전나무가 유일합니다. 천황사 남쪽으로 난 숲길을 따라 200m 정도 걸어 올라가면 수령 410년으로 추정되는 이 거대한 전나무를 만날 수 있습니다. 이는 국내에서 가장 큰 전나무로, 특유의 원뿔형으로 수형이 아름다운 자태를 자랑합니다.

　정천 망향의 동산에서 정천면 갈용리 산169−4번지에 있는 진안 천황사 전나무까지의 거리는 약 9.5km입니다.

— 진안 평지리 이팝나무 군(천연기념물 제214호)

  진안 평지리 마령초등학교 정문에 자리한 이팝나무 군은 최고 수령이 약 300년
으로 추정되는 유서 깊은 보호수입니다. 과거 일곱 그루가 있었으나 네 그루가 고
사하고 현재는 세 그루만이 남아 있습니다. 이 나무들은 오랜 세월 조상들의 보살
핌 속에서 자라온 역사적 유산일 뿐만 아니라, 식물분포학적 가치 또한 높아 1968
년 천연기념물 제214호로 지정되었습니다.

  정천 망향의 동산에서 마령면 임진로 212에 위치한 진안 평지리 이팝나무 군까
지의 거리는 약 27km입니다.

여행길에 만난 나무 이야기

이팝나무 꽃   이팝나무 열매   이팝나무 잎

이팝나무는 두 가지 의미를 지니고 있습니다.

첫째, 꽃이 피는 시기와 그 모습에서 유래한 '이밥(쌀밥)나무'라는 뜻이 있습니다. 이팝나무의 하얀 꽃이 마치 갓 지은 쌀밥과 흡사하다 하여 붙여진 이름으로, 조선 시대에는 쌀밥이 왕족과 양반층만 먹을 수 있는 귀한 음식이었기 때문에, 이팝나무의 만개는 풍요와 번영의 상징으로 여겨졌습니다. 특히, 옛사람들은 이팝나무 꽃이 많이 피면 풍년이 들고, 꽃이 적으면 흉년이 예상된다고 믿어 농사의 길흉을 점치는 기준으로 삼았습니다.

둘째, 이팝나무 개화 시기가 24절기 중 여름이 시작됨을 알리는 '입하(立夏)' 무렵과 맞물린다는 점에서 비롯된 의미가 있습니다. 입하는 한 해 농사의 본격적인 시작을 알리는 중요한 절기로, 과거 농경 사회에서는 이팝나무의 개화 시기를 통해 농사의 풍흉을 예측하곤 했습니다. 이처럼 이팝나무는 단순한 관상수를 넘어 전통 농경 문화와 깊은 연관을 맺고 있는 역사적 의미를 지닌 나무로 평가됩니다.

제8장

전라남도

57. 고려청자박물관(전라남도 강진군 대구면 청자촌길 33)

전라남도 강진군에 위치한 고려청자박물관은 고려청자의 발생부터 전성기, 쇠퇴 과정까지 한눈에 살펴볼 수 있는 국내 유일의 전문 박물관입니다. 고려 시대 청자 생산의 중심지였던 강진에서 출토된 30,000여 점의 고려청자가 전시되어 있으며, 제작 기법과 유약의 비밀을 체계적으로 연구·보존하고 있습니다.

당시 고려청자는 세계 최고 수준의 도자기로 평가받았으며, 중국에서도 "천하제일"이라 칭송될 만큼 예술성이 뛰어납니다. 박물관은 이러한 고려청자의 역사와 가치를 생생하게 전달하며, 고려 도자 문화의 정수를 깊이 있게 탐구할 수 있는 공간입니다.

근교 추천   ❶ 강진만생태공원(18km) ❷ 영랑생가(19km) ❸ 다산초당(25km) ❹ 백련사(25km)

방문 정보   **주차** : 무료 │ **입장료** : 어른 2,000원 어린이 1,000원 │ **관람시간** : 10:00~17:00

— 강진 사당리 푸조나무(천연기념물 제35호)

　푸조나무는 이름이 다소 낯설지만, 우리나라 남부 지역에서 오랫동안 자생해온 토종 수목입니다. 고려청자 가마터 인근에서 도공들의 보살핌 속에 자라온 나무로, 마을 사람들은 이를 신성하게 여겨 제사를 지내며 단합을 도모하는 중심점으로 삼아왔습니다.

　마을 앞 도로 옆에 자리한 이 나무는 6개의 줄기를 가진 독특한 형태로, 위엄 있고 아름다운 모습이 돋보입니다. 전해지는 이야기로는, 과거 어느 나무꾼이 가지를 잘랐다가 갑자기 세상을 떠났다는 전설이 있을 정도로 마을의 수호목으로 신성하게 여겨져 왔습니다.

　고려청자 박물관에서 사당리 푸조나무까지의 거리는 약 324m입니다.

58. 전라병영성(전라남도 강진군 병영면 성동리 319-1)

전라병영성은 조선 태종 17년(1417년)에 설치되어 고종 32년(1895년) 갑오경장까지 약 500년 간 조선의 남부 지역 방위를 담당한 육군 총지휘부였습니다. 이곳은 전라남도와 제주도를 포함한 53주 6진을 통솔하는 군사 요충지로, 조선 시대 국방 체계에서 중요한 역할을 했습니다. 당시 병영성 내부에는 다양한 군사시설이 존재했으나, 현재 유적 대부분은 소실되었으나, 성곽은 비교적 원형을 유지하고 있어 역사적 가치가 높으며, 당시 조선 시대 군사 문화와 방어 체계를 살펴볼 수 있습니다.

근교 추천 ❶ 하멜기념관(645m) ❷ 남미륵사(11km) ❸ 설록다원강진(14km) ❹ 백운동정원(16km)

방문 정보 주차 : 무료 │ 입장료 : 무료 │ 관람시간 : 상시

— 강진 성동리 은행나무(천연기념물 제385호)

　수령 약 800년으로 추정되는 성동리 은행나무는 수형이 곧고 아름다우며, 1656년부터 1663년까지 이곳에 머물렀던 하멜의 표류기에도 등장하는 역사적 명목(名木)입니다.

　전해지는 이야기로는, 옛날 전라 병마절도사로 부임한 관리가 이 은행나무로 만든 목침을 베고 잠을 잔 뒤 원인 모를 병을 앓게 되었는데, 약으로도 치료할 수 없었다고 합니다. 그때 한 노인이 은행나무에 제사를 지내고 목침을 나무에 붙이면 병이 낫는다 하여 그대로 하였더니 병이 나았다는 전설이 전해집니다. 이후 마을 사람들은 이 나무를 신성하게 여기며, 매년 음력 2월 15일 자정에 마을의 평안과 풍년을 기원하는 제사를 지내고 있습니다.

　전라병영성에서 강진군 병영면 성동리 70에 위치한 성동리 은행나무까지의 거리는 약 512m입니다.

59. 강진 백련사 (전라남도 강진군 도암면 백련사길 145)

전라남도 강진에 위치한 백련사는 차(茶)와 동백이 아름다운 사찰로, 자연과 조화를 이루는 고 즈넉한 분위기로 유명합니다. 고려 후기, 민간 신앙 결사체인 '백련결사'가 결성된 역사적 장소 로, 불교 개혁 운동과 신앙 공동체의 중심지 역할을 했습니다.

사찰 내에는 백련사 사적비(보물 제1396호)가 남아 있어, 백련사의 유래를 전하는 귀중한 문화유 산으로 평가됩니다. 또한, 대웅보전, 명부전, 응진당, 천불전, 삼성각 등 다양한 전각이 자리하 고 있으며, 사찰로 이어지는 울창한 숲길은 사색과 힐링 명소로 손꼽힙니다.

근교 추천 ❶ 다산초당(3.3km) ❷ 가우도(21km) ❸ 설록다원강진(24km) ❹ 달빛한옥마을여락재(25km)

방문 정보 **주차** : 무료 | **입장료** : 무료 | **관람시간** : 상시

━ 강진 백련사 동백나무 숲(천연기념물 제151호)

　강진 백련사 동백나무 숲은 1962년 천연기념물 제151호로 지정된 유서 깊은 자연유산으로, 고려 시대 원묘국사가 백련결사(白蓮結社)를 이끌었던 사찰 백련사를 중심으로 남쪽과 서쪽에 걸쳐 펼쳐져 있습니다.

　수령 수백 년에 이르는 약 1,500그루의 동백나무가 군락을 이루며 자생하고 있으며, 백련사의 주지였던 초의선사(草衣禪師)와 다산 정약용이 시국을 논하며 자주 거닐었던 숲길로도 유명합니다. 동백나무가 빼곡히 자라 자연스럽게 형성된 동백나무 터널은 아름다운 경관을 자랑하며, 두 선각자는 이곳을 거닐며 학문과 사상을 교류했다고 전해집니다.

60. 광양 옥룡사 동백나무 숲
(전라남도 광양시 옥룡면 추산리 303)

광양 옥룡사는 통일신라 말의 고승이자 풍수지리의 대가인 도선국사가 창건한 천년 고찰로, 한국 불교 역사에서 중요한 위치를 차지하는 사찰입니다. 현재는 절터만 남아 있으나, 도선국사의 풍수 사상이 반영된 터전으로서 역사적 가치를 간직하고 있습니다.

이곳에는 도선국사가 땅의 기운을 보강하기 위해 직접 심었다고 전해지는 동백나무들이 울창한 숲을 이루고 있습니다. 수령 100년이 넘은 동백나무 번식목 약 7,000여 그루가 자생하고 있으며, 이로 인해 사계절 푸른 숲과 봄철 붉은 동백꽃이 어우러지는 장관을 연출합니다. 동백숲은 생태적 가치와 역사적 의미를 인정받아 2007년 천연기념물 제489호로 지정되었습니다.

근교 추천   ❶ 운암사(1.2km)   ❷ 백운산자연휴양림(1.5km)   ❸ 유당공원(10km)   ❹ 매화정보화마을(40km)

방문 정보   주차 : 무료 ｜ 입장료 : 무료 ｜ 관람시간 : 상시

- 가시나무

가시나무 꽃

가시나무 열매

가시나무 잎

　우리가 흔히 말하는 '가시나무'는 특정한 한 종류의 나무를 의미하는 것이 아니라, 도토리를 맺는 참나무과 중 잎에 가시가 달린 모든 나무를 포괄하는 용어입니다. 일반적으로 도토리 6형제로 불리는 상수리나무, 굴참나무, 떡갈나무, 갈참나무, 신갈나무, 졸참나무는 모두 낙엽 활엽수지만, 가시나무는 겨울에도 늘 푸른 잎을 유지하는 상록수에 속합니다. 가시나무는 다양한 종류가 있으며, 대표적으로 북가시나무, 종가시나무, 가시나무, 참가시나무, 개가시나무, 그리고 일본에서 들여온 졸가시나무 등이 있습니다. 이들은 잎의 모양으로 구별할 수 있습니다.

* 붉가시나무: 잎 가장자리에 톱니가 없음.
* 종가시나무: 잎 길이의 절반 이상에만 톱니가 있음.
* 가시나무 · 참가시나무 · 개가시나무: 잎 가장자리에 전체적으로 톱니가 분포.
* 졸가시나무: 다른 가시나무들과 달리 잎 끝이 둥그스름함

가시나무는 내한성과 내건성이 뛰어나 해안가 및 건조한 지역에서도 잘 적응하며, 도시 조경수 및 방풍림, 공원수로 활용됩니다. 또한, 수피가 단단하고 내구성이 높아 목재로도 유용하며, 일부 종은 약재로 활용되기도 합니다.

여행길에 만난 나무 이야기

61. 광양 유당공원(전라남도 광양시 광양읍 목성리)

광양 유당공원은 전라남도 광양시에 위치한 유서 깊은 자연공원으로, 1528년 광양현감 박세후에 의해 조성되었습니다. 공원 내에는 팽나무, 이팝나무, 수양버들이 풍성하게 심어져 있어 '버들못'이라는 뜻의 유당공원이라는 이름을 얻게 되었습니다.

이곳에는 수령이 수백 년에 이르는 다양한 고목이 자리하고 있으며, 고즈넉한 연못과 조화를 이루며 전통적인 조경미를 자아냅니다. 봄철에는 이팝나무 꽃이 만개하여 공원을 하얀 물결로 물들이며, 사계절 내내 변화하는 자연경관이 방문객들에게 아름다운 풍광을 선사합니다.

근교 추천   ❶ 전남도립미술관(719m) ❷ 광양옥룡사동백나무숲(10km) ❸ 매화정보화마을(29km)

방문 정보   주차 : 무료 ｜ 입장료 : 무료 ｜ 관람시간 : 상시

— 광양읍수와 이팝나무(천연기념물 제235호)

　광양읍수란 '광양읍성의 숲'을 의미하며, 당시 광양현감 박세후는 이곳에 바다에서 읍성이 보이지 않도록 하기 위해 많은 나무를 심었습니다. 15세기 전반에 축조된 광양읍성은 지방 주민들을 보호하고 군사와 행정 기능을 담당함은 물론, 이곳의 숲이 울창해지면서 태풍과 바람의 피해를 막아주는 방풍림의 역할도 하였습니다. 당시에 자라던 수령 500년 이상의 이팝나무, 푸조나무, 팽나무, 느티나무, 왕버들 등의 노거수가 현재까지 남아 자연의 위엄과 역사의 흔적을 고스란히 간직하고 있습니다. 특히, 이팝나무는 광양읍수를 대표하는 나무로, 봄철마다 순백의 꽃을 피우며 장관을 이루어 많은 이들의 발길을 사로잡습니다.

여행길에 만난 나무 이야기

62. 광양 매화마을
(전라남도 광양시 다압면 섬진강매화로 1563-1)

광양 매화마을은 백운산과 지리산 계곡 사이로 흐르는 섬진강을 따라 길게 자리한 대표적인 봄 꽃 명소입니다. 이곳은 전통적인 농경지를 대신해 광활한 산과 밭을 매화나무로 가득 채운 곳으로, 매년 3월이 되면 하얗게 만개한 매화꽃이 장관을 이루며, 전국에서 수많은 상춘객이 찾는 명소로 자리 잡았습니다.

그중에서도 청매실농원은 대한민국 매실 명인 홍쌍리가 평생을 바쳐 일군 곳으로, 매실 재배의 중심지이자 광양 매화마을의 상징적인 장소입니다. 농원 뒤편에는 전통 옹기 2,000여 개가 자연스럽게 배치되어 있으며, 이와 어우러진 울창한 왕대숲이 조성되어 있어 자연경관을 더욱 운치 있게 만듭니다.

근교 추천 ❶ 광양유당공원(29km) ❷ 광양옥룡사동백나무숲(35km) ❸ 구례산수유마을(51km)

방문 정보 **주차** : 무료 | **입장료** : 어른 5,000원 청소년 4,000원 (입장료 전액 축제 상품권으로 환급) |
관람시간 : 07:00~17:00

— 매화(매실)나무

매화 꽃받침

살구 꽃받침

　매화나무와 살구나무는 외형이 거의 비슷하여 구분하기가 그리 쉽지 않습니다. 특히 두 나무의 꽃과 열매인 매실과 살구 역시 겉으로 보면 유사해 보입니다. 하지만 매화나무는 살구나무보다 개화 시기가 조금 더 빠르며, 가장 확실하게 구분할 수 있는 방법은 꽃의 꽃받침을 확인하는 것입니다. 매화꽃의 꽃받침은 위를 향한 형태를 유지하는 반면, 살구꽃의 꽃받침은 아래로 젖혀지는 특징이 있습니다.

63. 광주호 호수생태원(광주광역시 북구 충효샘길 7)

광주호 호수생태원은 자연 친화형 생태공원으로, 자연관찰원과 자연학습장, 잔디 휴식광장, 그리고 수변 습지 등 다양한 테마 공원으로 조성되어 있습니다. 이곳의 가장 큰 가치는 자연 생태계를 보전하면서도 시민들에게 친환경적인 휴식 공간을 제공한다는 점입니다. 호수 주변에 자라난 식물자원들을 활용하여 산책코스를 조성함으로써 경관 훼손을 최소화하고, 걷는 것만으로도 자연 속 수변 경관을 체험할 수 있는 곳입니다.

근교 추천 **❶** 환벽당(522m) **❷** 광주예술의거리(13km) **❸** 양림동역사문화마을(15km)
❹ 국립광주과학관(21km)

방문 정보 **주차** : 무료 | **입장료** : 무료 | **관람시간** : 상시

─ 광주 충효동 왕버들 군 (천연기념물 제539호)

광주 충효동 왕버들 군(3그루)은 수령 약 400년에 이르는 노거수로, 충효마을의 상징적 숲을 형성하고 있습니다. 이 숲은 "도와서 모자람을 채운다"는 의미를 지닌 비보(裨補) 숲으로 조성되었습니다. 수령이나 규모 면에서 현재 천연기념물로 지정·보호되고 있는 왕버들과 비교했을 때 우위를 차지할 만큼 수형 및 수세가 뛰어나고, 나무와 관련된 유래나 일화들이 잘 전해지고 있어 역사적·문화적 가치는 물론 생물학적 가치 또한 큽니다.

광주호 호수생태원에서 충효동 왕버들 군까지의 거리는 약 169m입니다.

여행길에 만난 나무 이야기

64. 구례 산수유 마을
(전라남도 구례군 산동면 위안월계길 6-1)

산촌생태마을인 산수유마을은 척박한 땅에 농사짓기가 힘들어 시작한 것이 효시였지만 매년 봄
지리산의 상춘객들이 가장 많이 찾는 명소 중의 하나로, 봄에는 산수유 축제, 여름에는 수락폭
포, 가을에는 산수유 열매 축제가 있으며 겨울에는 만복대의 설경을 함께 갖춘 웰빙여행의 필요
조건을 두루 갖춘 곳이기도 합니다.

근교 추천	❶ 천은사(17km) ❷ 화엄사(19km) ❸ 섬진강대나무숲길(23km) ❹ 성삼재휴게소(26km)
방문 정보	주차 : 무료 ∣ 입장료 : 무료 ∣ 관람시간 : 상시

─산수유

| 수피 | 꽃 | 열매 | 잎 |

산수유(山茱萸)는 이른 봄을 알리는 대표적인 나무로, 이름에는 '산에 사는 쉬나무'라는 의미가 담겨 있습니다. '수유(茱萸)'라는 명칭은 열매가 빨갛게 익는 특성에서 유래했으며, '수(茱)'는 붉게 익은 열매를 의미하고, '유(萸)'는 싱그러운 열매를 생으로 먹을 수 있다는 뜻이 더해져 만들어졌습니다.

산수유는 개화 시기가 빠른 나무로, 이른 봄 가지마다 황금빛 작은 꽃들이 무리

여행길에 만난 나무 이야기

를 지어 피어나며, 매화와 함께 봄을 알리는 대표적인 식물로 꼽힙니다. 여름이 되면 짙푸른 녹음을 자랑하며, 가을에는 선명한 붉은색으로 단풍이 물들고 탐스러운 붉은 열매가 맺혀 사계절 내내 아름다운 경관을 제공합니다.

또한, 산수유는 나무껍질이 얇고 거칠게 벗겨지는 특징을 가지며, 이러한 독특한 수피의 질감은 다른 나무와 쉽게 구별되는 요소 중 하나입니다. 생태적으로도 가치가 높아 공원수와 조경수로 널리 활용되며, 한방에서는 산수유 열매를 '산수실(山茱實)'이라 하여 강장, 보신, 간 기능 보호 등의 효능이 뛰어난 약재로 활용해 왔습니다.

65. 화엄사(전라남도 구례군 마산면 화엄사로 539)

화엄사는 지리산 남쪽 기슭에 자리한 사찰로, 통일신라 시대에 창건되어 화엄종을 선양한 대한
불교조계종 제19교구 본사입니다. 오랜 역사를 간직한 이곳은 국보와 보물, 천연기념물 등 수
많은 문화재를 보유한 천혜의 사찰로, 국보로 지정된 각황전을 비롯하여 국보 4점, 보물 5점,
천연기념물 3점, 지방문화재 2점 등 역사적·예술적 가치가 높은 유산들이 보존되어 있으며, 20
여 동의 부속 건물들이 조화롭게 배치되어 있어 고즈넉한 사찰의 분위기를 더욱 깊이 느낄 수 있
습니다.

| 근교 추천 | ❶ 지리산국립공원(5.3km) ❷ 천은사(6km) ❸ 화개장터(20km) ❹ 구례산수유마을(21km) |
| 방문 정보 | 주차 : 무료 │ 입장료 : 무료 │ 관람시간 : 상시 |

― 구례 화엄사 화엄매(2024년 천연기념물 지정)

홍매화

2024년 1월 새로이 천연기념물로 지정된 전남 구례 화엄사의 명물 홍매화의 정식 명칭은 '구례 화엄사 화엄매'입니다. 진한 분홍색의 홍매화인 화엄매를 '흑매'라고도 하는데, 이는 그만큼 꽃의 색이 진하다는 뜻으로, 나무의 수령은 약 300년 이상으로 추정됩니다. 국보인 각황전 옆에 자리하고 있으며, 각황전을 중건한 계파선사가 이를 기념하기 위해 직접 심었다고 전해집니다.

— 길상암 들매화(천연기념물 제485호)

매화나무 꽃   매화나무 열매   매화나무 잎

　화엄사 길상암 앞, 급경사지의 대나무 숲 속에서 자라는 이 매화나무는 속칭 '들매화'로 알려져 있습니다. 자연적으로 씨앗이 퍼져 싹을 틔운 것으로 추정되며, 사람이나 동물들이 먹고 버린 씨앗이 발아해 자생한 나무로 여겨집니다.

　　　　　　　　　　　　　　　　　　　　여행길에 만난 나무 이야기

개량된 품종에 비해 꽃이 작고 듬성듬성 피어나지만, 단아한 기품과 짙은 향기가 더욱 두드러지며, 개량종 매화보다 은은하고 깊은 향취를 자랑합니다. 이 매화나무는 수령 약 450년으로, 한국 고유의 토종 매화 연구에 있어 학술적 가치가 매우 높은 나무로 평가됩니다.

예로부터 매화는 추운 겨울을 이겨내고 가장 먼저 꽃을 피우는 강인한 생명력을 지닌 나무로, 난초·국화·대나무와 함께 사군자(四君子) 중 하나로 선비들의 사랑을 받아왔습니다. 매화는 그 고결한 아름다움과 향기로 인해 선비 정신과 절개를 상징하는 꽃으로 여겨졌으며, 조선 시대 문인들의 많은 시문과 그림 속에서 등장하였습니다.

매화나무는 장미과에 속하는 낙엽 교목으로, 매실나무라고도 불립니다. 우리나라에 매실나무가 언제 처음 전래되었는지는 정확히 알 수 없지만, 고구려 시대 문헌에 매화가 피었다는 기록이 남아 있는 것으로 보아, 아주 오래전부터 재배되어 왔음을 짐작할 수 있습니다.

― 화엄사 올벗나무(천연기념물 제38호)

울벗나무꽃   벚나무 꽃   벚나무 열매   벚나무 잎

벚나무는 봄을 찬란하게 밝히는 아름다운 나무이지만, 수명이 비교적 짧은 특징을 가집니다. 일반적으로 벚나무의 평균 수명은 50~100년 정도로 알려져 있으며, 오래된 개체를 찾기가 어렵습니다.

올벗나무는 다른 벚나무보다 먼저 꽃이 피며, 잎보다 꽃이 먼저 개화하는 특징이 있어 이러한 이름이 붙여졌습니다. 화엄사 지장암 뒤편에 자리한 수령 370년의 올

여행길에 만난 나무 이야기

벚나무는 우리나라에서 가장 오래된 벚나무로 알려져 있으며, 조선 시대 승려인 벽암대사(碧巖大師)가 직접 심었다고 전해집니다.

벚나무라는 이름은 열매인 '버찌'에서 유래하였으며, '버찌나무'가 변형되어 '벚나무'로 불리게 된 것으로 추정됩니다. 버찌는 영어로 '체리(cherry)'라고 불리지만, 벚나무와 체리나무는 엄연히 다른 종입니다. 일반적으로 우리가 체리라고 부르는 열매는 유럽과 서아시아가 원산지인 품종이며, 벚나무의 비찌는 상대적으로 크기가 작고 떫은맛이 강하여 생식보다는 조리용이나 약재로 활용됩니다.

오늘날 길거리와 공원에서 흔히 볼 수 있는 벚꽃나무는, 한라산에서 자생하는 우리나라 토종 '왕벚나무'가 일본으로 전해져 개량된 품종일 가능성이 높다는 연구 결과가 발표되었습니다. 한때 일본 원산으로 알려졌던 왕벚나무는, 제주도 한라산에서 자생하는 개체가 발견되면서 우리나라가 원산지일 가능성이 더욱 확실시되고 있습니다.

66. 소쇄원(전라남도 담양군 가사문학면 소쇄원길 17)

소쇄원은 조선 시대를 대표하는 민간 원림으로, 자연에 대한 경외와 순응을 바탕으로 조성된 정원입니다. '맑고 깨끗하다'는 뜻을 가진 이곳은 조선 중종 때 강학과 심신 수양을 위해 조성되었으며, 자연 지형과 식생을 최대한 살린 조경이 특징입니다. 유학과 도가 사상이 조화를 이룬 공간으로, 조선 선비들의 철학이 깃든 장소이기도 합니다.

1974년 명승 제40호로 지정된 소쇄원은 광풍각, 제월당, 고암정 등의 정자와 어우러져 선비들의 학문적 교류와 풍류의 공간으로 활용되었습니다. 자연과 건축이 조화를 이루며 사계절마다 변화하는 아름다운 경관을 간직한 한국 전통 원림의 대표적 문화유산입니다.

근교 추천	❶ 한국가사문학관(950m) ❷ 식영정(1.1km) ❸ 명옥헌원림(7.4km)
방문 정보	주차 : 무료 │ 입장료 : 어른 2,000원 청소년 1,000원 어린이 700원 │ 관람시간 : 09:00~18:00

─ 담양 후산리 은행나무(전라남도 기념물 제45호)

　담양 후산리 은행나무는 높이 약 30m, 수령 약 600년의 거대한 나무로, '인조대왕의 계마행수'라는 별칭을 가지고 있습니다. 이는 조선 시대 인조가 왕위에 오르기 전 호남 지방을 순행하던 중, 후산에 거주하던 오희도를 방문했을 때 타고 온 말을 이 나무에 매어 두었다는 데서 유래한 이름입니다. 이 은행나무는 명옥헌 원림으로 가는 길목에 우뚝 서 있으며, 하늘을 찌를 듯한 위용과 웅장한 자태로 방문객들의 시선을 사로잡습니다.

　소쇄원에서 담양군 고서면 산덕리 485-1에 위치한 후산리 은행나무까지의 거리는 약 7.3km입니다.

─ 담양 태목리 대나무 군락(천연기념물 제560호)

　담양군 대전면 태목리 656-2에 위치한 태목리 대나무 군락은 자연적으로 형성된 대규모 대나무 군락지입니다. 일반적인 대나무 서식 조건과 달리, 하천변 퇴적층을 따라 길게 조성된 것이 특징입니다.

　이곳은 천연기념물인 황조롱이(제323-8호), 원앙(제327호), 수달(제330호) 등 다양한 야생 동물과 달뿌리풀, 줄, 물억새 등의 식물이 서식하는 생태적으로 중요한 공간으로, 자연 학술적 가치가 큽니다.

　소쇄원에서 태목리 대나무 군락까지의 거리는 약 19km입니다.

67. 관방제림(천연기념물 제366호)
(전라남도 담양군 담양읍 객사7길 37)

담양 관방제림은 조선 시대 홍수 피해를 막기 위해 제방을 만들고 나무를 심은 인공림으로, 약 2km에 걸쳐 거대한 풍치림(멋스러운 경치를 더하기 위해 가꾼 나무 숲)을 이루고 있습니다. 자연경관을 아름답게 가꾸면서도 홍수 피해를 막는 방재 역할을 했던 전통 조경 기법을 잘 보여줍니다. 이곳에는 푸조나무(111그루), 팽나무(18그루), 벚나무(9그루), 음나무(1그루), 개서어나무(1그루), 곰의말채, 갈참나무 등 총 420여 그루의 다양한 수목이 서식하고 있으며, 천연기념물로 지정된 구역 내에는 수령 300~400년에 이르는 185그루의 거목이 자리하고 있습니다.

근교 추천　❶ 국수거리(372m)　❷ 죽녹원(1.6km)　❸ 명옥헌원림(18km)　❹ 식영정(21km)　❺ 소쇄원(22km)

방문 정보　주차 : 무료　|　입장료 : 무료　|　관람시간 : 상시

— 담양 봉안리 은행나무(천연기념물 제482호)

　술지마을 1043-3번지에 자리한 봉안리 은행나무는 수령 500년, 둘레 8m에 이르는 거대한 나무로, 천연기념물로 지정된 다른 은행나무들과 비교해도 손색없는 규모와 웅장함을 자랑합니다. 나라에 큰 일이 있을 때면 이 나무가 울었다는 이야기가 전해지며, 오랜 세월 마을의 안녕과 풍년을 기원하는 당산나무로 기려져 왔습니다. 또한, 주민들에게 휴식 공간을 제공하는 동시에 수확한 열매를 마을 공동사업에 활용하는 등 지역 문화와 공동체 생활에서 중요한 역할을 해왔습니다. 이러한 점에서 학술적 가치뿐만 아니라 향토 문화적 가치도 큰 나무로 평가됩니다.

　담양 관방제림에서 봉안리 은행나무까지의 거리는 약 7.6km입니다.

　　　　　　　　　　　　　　　　　　　여행길에 만난 나무 이야기

— 담양 대치리 느티나무(천연기념물 제284호)

　담양군 대전면 대치리 한재초등학교 교정에 있는 담양 대치리 느티나무의 수령은 약 600살 정도로 추정됩니다. 이 나무는 높이 34m, 가슴 높이 둘레 8.78m에 이르는 웅장한 크기를 자랑하며, 오랜 세월 동안 마을을 지켜온 수호목으로 여겨져 왔습니다.

　조선 태조(이성계)가 전국을 돌며 명산을 찾아 기도를 올리던 중, 이곳에서 공을 드리고 직접 심었다는 전설이 전해집니다. 단순한 보호수를 넘어 조선 시대 왕실과 연관된 신목(神木)으로서도 의미가 깊습니다.

　담양 관방제림에서 대치리 느티나무까지의 거리는 약 12km입니다.

68. 자산어보 영화 촬영지(전라남도 신안군 도초면 발매리 1356)

영화 자산어보는 1801년 신유박해로 흑산도에 유배된 실학자 정약전 선생이 바다 생물에 매료되어 조선 최초의 해양 생물학서인 자산어보(玆山魚譜)를 집필하는 과정을 그린 작품입니다. 촬영지는 전라남도 신안군 도초면 발매리에 위치하며, 당시 영화 속 주요 배경이 되었던 대청마루를 둔 안채, 부엌, 돌담, 우물, 평상, 아궁이 등이 원형 그대로 보존되어 있습니다. 탁 트인 바다 전망을 감상할 수 있는 대청마루는 노을을 바라보기에 더없이 좋은 명소입니다.

근교 추천   ❶ 도초수국공원(1.8km) ❷ 시목해수욕장(4.9km) ❸ 하트해변(11km)

방문 정보   **주차** : 무료 | **입장료** : 무료 | **관람시간** : 상시

– 도초도 팽나무 10리길

사진 출처 : 신안군

| 팽나무 꽃 | 팽나무 열매 | 팽나무 잎 |

신안군 도초도 팽나무 10리길은 수령 70~100년 된 팽나무 716그루가 조붓한 산
책로를 따라 길 양쪽으로 터널을 이루며 이어지는 길입니다. 화포선착장에서 출발
해 수로를 따라 약 3.5km에 걸쳐 펼쳐지며, 마치 초록빛 터널을 지나듯 운치 있는

풍경을 제공합니다.

이 길의 각 팽나무에는 나무를 기증한 출신 지역이 적힌 팻말이 걸려 있어, 단순히 보호수를 넘어 지역과 사람을 연결하는 상징적인 역할을 하고 있습니다.

팽나무는 오래 사는 장수목으로, 예부터 마을을 지켜주는 신목(神木)으로 여겨졌습니다. 조상들은 팽나무에 신이 깃들어 있다고 믿으며, 마을의 수호목으로 삼고 당산제를 지내는 전통을 이어왔습니다. 또한, 해안가에서는 방풍림 역할을 하며 바닷바람과 태풍으로부터 마을을 보호하는 중요한 기능을 수행해 왔습니다.

세월호 참사의 아픔을 간직한 전라남도 진도의 '팽목항' 또한 많은 팽나무가 자생하고 있어 그 이름이 붙여졌으며, 팽나무는 단순한 나무가 아닌 기억과 위로의 상징으로 자리 잡고 있습니다.

자산어보 영화 촬영지에서 도초도 팽나무 10리까지의 거리는 약 1km입니다.

69. 청해진 유적(전라남도 완도군 완도읍 장좌리 734)

전라남도 완도군 완도읍에 있는 청해진 유적은 남북국 시대 통일신라의 해군기지이자 무역기지였던 청해진의 성곽터입니다. 이곳은 장보고가 서남해 해적을 소탕하고 중국의 산동 지방과 일본을 연결한 해상 교역로의 중심지로 삼았던 중요한 역사적 유적입니다. 섬 전체에는 계단식 성곽의 흔적이 남아 있으며, 해변에는 목책(나무 울타리)이 설치되었던 자리와 함께 성 내부에서 당집, 내성문, 외성문, 우물 등의 시설이 발견되기도 하였습니다.

근교 추천　❶ 완도군해양생태전시관(872m)　❷ 완도타워(8.1km)　❸ 완도수목원(12km)

방문 정보　주차 : 무료 ｜ 입장료 : 무료 ｜ 관람시간 : 상시

– 완도 대문리 모감주나무 군락

전라남도 완도군 군외면 대문리 산 128, 129-1번지에 위치한 대문리 모감주나무 군락은 현재까지 발견된 가장 오래되고 규모가 큰 모감주나무 군락지입니다. 완도 남서쪽 해안선을 따라 길이 약 1km에 걸쳐 모감주나무 474주가 다양한 수종과 함께 군락을 이루고 있습니다.

모감주나무는 불교와도 깊은 연관이 있는 나무로, 그 열매가 108염주(念珠)의 재료로 사용되면서 '염주나무'라고도 불립니다. 이러한 이유로 사찰 주변이나 유서 깊은 지역에서 자주 발견됩니다.

청해진 유적에서 대문리 모감주나무 군락까지의 거리는 약 16km입니다.

여행길에 만난 나무 이야기

제9장

경상북도

70. 감은사지(경주시 문무대왕면 용당리 55-9)

감은사지는 경상북도 경주시 문무대왕릉 인근에 위치한 통일신라 시대의 사찰 터로, 현재는 동·서 삼층석탑(국보 제112호, 제113호)과 금당 및 강당 등의 건물터만 남아 있습니다.

삼국유사에 따르면, 문무왕은 통일신라를 이룩한 후 "내가 죽으면 화장하여 동해에 장사 지내라. 용이 되어 나라를 지키겠다."라는 유언을 남겼다고 합니다. 이에 따라 문무왕의 유해는 바다에 안장되어 문무대왕릉(해중릉)이 되었으며, 해룡이 된 문무왕이 언제든 감은사를 드나들 수 있도록 금당 아래에 지하 공간을 만들었다는 삼국유사의 기록을 뒷받침하는 지하 석조 구조물을 확인할 수 있습니다.

근교 추천 **❶** 문무대왕릉(1.7km) **❷** 불국사(21km) **❸** 석굴암(22km) **❹** 교촌한옥마을(33km)
방문 정보 **주차 : 무료** | **입장료 : 무료** | **관람시간 : 상시**

— 감은사지 느티나무 고사목

　국보 제112호로 지정된 감은사지 동·서 삼층석탑 뒤편에는 수령 500년 된 느티나무가 자리하고 있습니다. 얼핏 보면 한 그루처럼 보이지만, 사실은 연리목 형태의 두 그루 나무가 함께 자란 것입니다. 이 느티나무는 오랜 세월 동안 마을을 지켜온 당산목(堂山木)으로 여겨져 왔으나, 최근 한쪽 나무가 말라 죽기 시작하면서 2023년 고사된 것으로 확인되었습니다.

　과거에는 병해충의 우려 때문에 고사목을 베어버리는 경우가 많지만, 요즘은 고사목이 여러 군소 생물들의 보금자리 역할을 하는 등 생물 다양성 보전에 중요한 역할을 하는 것으로 알려져 보존을 우선으로 한 관리 방식이 도입되고 있습니다.

71. 문경 장수황씨 종택(경상북도 문경시 산북면 대하리 460-6)

문경 장수황씨 종택은 조선 후기 문경 지방에 있는 양반 가옥 중 하나로, 장수황씨의 종가입니다. 이 집은 장수황 씨 15대 조인 황시간이 35세 때 거주하였다는 기록으로 보아 18세기경 건립된 것으로 추정됩니다. 가옥은 사랑채, 안채, 대문채로 구성되어 있으며, 특히 안채의 공간 배치가 독특한 구조를 띠고 있어 문경 지방의 전통 민가 연구 자료로서 가치가 큽니다. 또한, 조선 후기 양반가의 생활 양식과 건축적 특징을 잘 보존하고 있어 역사적 가치가 큰 고택으로 평가받고 있습니다.

근교 추천   ❶ 대승사(13km) ❷ 진남교반(20km) ❸ 고모산성(22km) ❹ 문경새재도립공원(32km)

방문 정보   주차 : 무료 | 입장료 : 무료 | 관람시간 : 상시

─ 문경 장수황씨 종택 탱자나무(천연기념물 제558호)

탱자나무 꽃　　　　탱자나무 열매　　　　탱자나무 잎

　　경상북도 문경시 장수황씨 종택 뜰에 자리한 수령 약 400년 된 두 그루의 탱자나
무는 희귀성이 높고 고유의 수형을 잘 유지하고 있어 자연 분야에서 학술적 가치가
큰 나무로 평가됩니다. 탱자나무(Poncirus trifoliata)는 날카로운 가시를 지녀 울타리

식재(생울타리)로 널리 활용되어 왔으며, 외부 침입을 막는 역할을 하는 전통 정원수로도 사용되었습니다. 특히, 열매와 껍질은 약재로 이용되며, 한방에서 소화촉진·항균 작용 등의 효능이 있는 것으로 알려져 있습니다.

또한, 탱자나무는 묘목이 귤나무의 대목(접목용 나무)으로 활용되는 중요한 나무로, 추위에 약한 감귤류의 생육을 돕기 위해 접목 재료로 널리 사용되어 왔습니다.

─ 문경 대하리 소나무(천연기념물 제426호)

경상북도 문경시 산북면 대하리 16에 위치한 문경 대하리 소나무는 수령 약 400년으로 추정되는 반송(盤松)으로, 장수황씨 사정공파 종중 소유입니다. 줄기와 가지가 용트림 형상으로 구부러져 옆으로 뻗어, 마치 우산 두 개를 받쳐놓은 듯한 독특한 형태를 이루고 있습니다.

또한, 인근에는 과거 방촌 황희 선생의 영정을 모신 장수황 씨의 종택(지방문화재 제236호) 사당과 사원이 자리하고 있어, 주변 경관과 어우러진 멋진 운치를 자랑합니다.

문경 장수황씨 종택에서 문경시 산북면 대하리 16에 위치한 대하리 소나무까지의 거리는 약 1.6km입니다.

─ 문경 화산리 반송(천연기념물 제292호)

  경상북도 문경시 농암면 화산리 942에 위치한 문경 화산리 반송은 수령 약 400년으로 추정됩니다. 반송(盤松)은 소나무의 한 품종으로, 소나무와 비슷하지만 밑동에서부터 여러 갈래로 갈라져 원줄기와 가지의 구별이 없으며, 전체적으로 우산 모양을 하고 있는 특징이 있습니다. 문경 화산리 반송은 민속적 생물학적 자료로서의 가치가 높아 천연기념물로 지정 보호하고 있습니다.

  문경 장수황씨 종택에서 화산리 반송까지의 거리는 약 37km입니다.

여행길에 만난 나무 이야기

72. 도남서원(경상북도 상주시 도남동 175)

'도남(道南)'이라는 명칭은 북송의 유학자 정자가 제자인 양시를 그의 고향으로 돌려보내며, "우리의 도(道)가 장차 남방에서 행해질 것"이라 한 데서 유래하였습니다. 이러한 철학적 배경을 바탕으로, 도남서원은 조선 유학의 전통은 바로 영남에 있다는 자부심에서 탄생하였습니다.

1606년(선조 39년) 지역 유림의 공의로 창건된 이곳에는 고려 말 충신 포은 정몽주와 조선 중기 성리학의 대가 서애 유성룡의 학문과 덕행을 기리기 위해 위패가 봉안되었습니다. 또한, 배산임수(背山臨水)의 원리에 따라 조성된 서원의 입지는 주변 자연경관과 어우러져 고즈넉한 아름다움을 자아냅니다.

근교 추천   ❶ 국립낙동강생물자원관(416m) ❷ 상주자전거박물관(1.8km) ❸ 경천대국민관광지(4km)

방문 정보   주차 : 무료 | 입장료 : 무료 | 관람시간 : 상시

─ 상주 상현리 반송(천연기념물 제293호)

경상북도 상주시 화서면 상현리 48-1에 위치한 상현리 반송은 수령이 약 500년 으로 추정되는 역사적 가치가 높은 소나무입니다. 밑동에서부터 크게 두 갈래로 갈 라져 있어 바라보는 위치에 따라 한 그루처럼 보이기도 하고 두 그루처럼 보이기도 합니다. 나무의 모양이 탑을 닮았다 하여 탑송이라고도 합니다. 마을 사람들은 이 나무를 매우 신성하게 여겨 나무를 다치게 하는 것은 물론 낙엽만 긁어 가도 천벌 을 받는다고 믿었으며, 매년 정월 대보름이면 마을의 안녕과 풍년을 기원하는 제사 를 지내며 소중히 보호해오고 있습니다.

도남서원에서 상주 상현리 반송까지의 거리는 약 36km입니다.

여행길에 만난 나무 이야기

– 소나무 이야기

육송(적송)

해송(흑송)

| 암꽃 /수꽃 | 솔방울(1년생) | 솔방울(2년생) | 리기다소나무 |

| 스트로브잣나무 | 섬잣나무 |

    소나무는 암수한그루로, 수꽃과 암꽃이 함께 피어나지만 자가수분을 방지하기 위해 아래쪽 수꽃이 먼저 개화하고, 약 10~15일 후 위쪽에서 암꽃이 핍니다. 바람을 타고 퍼지는 노란 송화가루가 암꽃에 붙으며 수정이 이루어진 후 솔방울이 형성됩니다.

    소나무는 물을 좋아하지 않는 특성이 있어 먼저 흙을 높이 쌓아 올린 후 그 위에 심는 방법인 올려심기(상식) 방식으로 재배됩니다. 소나무는 여러 이름으로 불리는데, 솔잎의 개수에 따라 이엽송(2개), 삼엽송(3개), 오엽송(5개)으로 구분되며, 일반적인 소나무는 이엽송입니다. 백송과 리기다소나무는 삼엽송, 스트로브잣나무와 섬잣나무 등은 소나무로 분류하여 오엽송이라고 합니다.

    또한, 서식 환경과 수피 색에 따라 다양한 이름이 붙여집니다. 내륙에서 자라면 '육송', 바닷가에서 잘 자라고 솔잎이 억센 소나무는 '곰솔(해송)', 수피 색깔이 붉으면 '적송', 검게 보이면 '흑송'이라고 합니다.

73. 낙강물길공원(경상북도 안동시 상아동 423)

낙강물길공원은 안동댐 수력발전소 입구 좌측에 위치한 자연 친화적 공원으로, 주변 수자원 환경과 어울리는 숲길과 정원을 조성하여 탐방객들에게 편안한 휴식과 힐링 공간을 제공할 목적으로 조성되었습니다. 작은 연못을 끼고 메타세쿼이아와 전나무가 자라고, 연못 위의 돌다리, 오솔길이 어우러져 이국적인 풍경을 자아내고 있어 '한국의 지베르니'(클로드 모네를 비롯한 유명 예술가들의 흔적을 볼 수 있는 프랑스의 목가적이고 경치가 아름다운 작은 마을)라는 별칭으로도 불립니다.

근교 추천   ❶ 월영교(2.9km) ❷ 체화정(21km) ❸ 도산서원(24km) ❹ 만휴정(31km) ❺ 하회마을(32km)

방문 정보   주차 : 무료 | 입장료 : 무료 | 관람시간 : 상시

— 안동 구리 측백나무숲(천연기념물 제252호)

　구리 측백나무숲은 안동에서 대구로 가는 국도변의 절벽 위에 자리 잡고 있습니다. 이 숲에는 약 300여 그루의 측백나무가 자생하고 있으며, 수령은 대략 100~200년으로 추정됩니다. 측백나무는 척박한 절벽 지형에 뿌리를 내리고 있어 생육 환경이 열악한 편이지만, 강한 생명력으로 자연스럽게 군락을 형성하고 있습니다. 이곳에는 측백나무뿐만 아니라 소나무, 굴참나무, 조팝나무 등 다양한 수종이 함께 서식하며 조화로운 생태계를 이루고 있습니다.

　낙강물길공원에서 안동시 남후면 광음리 산1-1번지에 위치한 안동 구리 측백나무숲까지의 거리는 약 14km입니다.

여행길에 만난 나무 이야기

— 안동 사신리 느티나무(천연기념물 제275호)

안동시 녹전면 사신리 257-6에 위치한 안동 사신리 느티나무는 수령 약 600년을 자랑하는 거목으로, 높이 29.7m, 둘레 10.1m에 이르는 웅장한 크기를 지니고 있습니다.

이 느티나무는 오랜 세월 동안 마을 주민들에게 수호신목(守護神木)으로 여겨져 왔으며, 매년 정월 대보름이 되면 온 마을 사람들이 나무 아래에 모여 한 해의 행운과 풍년을 기원하는 전통을 이어오고 있습니다. 오랜 세월 동안 조상들의 관심과 보살핌 속에 살아온 민속적 · 생물학적 자료로서의 보존가치가 높아 천연기념물로 지정 보호하고 있습니다.

낙강물길공원에서 안동 사신리 느티나무까지의 거리는 약 19km입니다.

─ 안동 송사동 소태나무(천연기념물 제174호)

여행길에 만난 나무 이야기

소태나무 꽃   소태나무 열매   소태나무 잎

소태나무는 낙엽성 교목으로, 4~5월에 꽃이 피고, 8~9월에 열매가 익습니다. 이 나무의 가장 큰 특징은 껍질에 강한 쓴맛을 내는 '콰신(Quassin)' 성분이 함유되어 있다는 점으로, 우리말 속담 '소태처럼 쓰다'라는 표현이 바로 이 나무에서 유래된 것으로 알려져 있습니다.

안동 송사동 소태나무는 수령이 약 400년 이상으로 추정되며, 현재까지 우리나라에서 확인된 소태나무 중 가장 크고 오래된 나무로 기록되고 있습니다.

소태나무는 약용 및 생태적으로도 가치가 높은 수목으로, 한방에서는 건위·소화 촉진·해열 등의 효능이 있어 약재로 활용되며, 병충해와 공해에 강한 특성 덕분에 도시 환경에서도 잘 적응하는 나무로 평가받습니다.

낙강물길공원에서 길안면 송사리 100-7 길안초등학교에 위치한 안동 송사동 소태나무까지의 거리는 약 38km입니다.

─ 안동 용계리 은행나무(천연기념물 제175호)

　수령 700년의 안동 용계리 은행나무는 높이 37m, 둘레 14.5m로 나무줄기의 굵기로는 우리나라에서 가장 큰 나무로 알려져 있습니다. 본래 용계국민학교 운동장에 자리했으나, 임하댐 건설로 인해 수몰 위기에 처하면서 HB 공법을 활용한 인공섬을 조성하여 보존하였습니다. 약 20억 원을 투입해 1990년부터 1993년까지 3년간의 이전 공사를 거쳐 현재의 위치에 자리 잡았으며, 자연유산으로서 많은 방문객들에게 깊은 인상을 남기고 있습니다.

　낙강물길공원에서 길안면 용계리 744에 위치한 안동 용계리 은행나무까지의 거리는 약 35km입니다.

여행길에 만난 나무 이야기

─ 안동 주하리 뚝향나무(천연기념물 제314호)

　　안동시 와룡면 태리금산로 242-5, 주하동 경류정 종택 안에 자리한 이 뚝향나무
의 수령은 약 600년입니다. 이 나무는 향나무의 변종으로, 일반적인 향나무와 달리
줄기가 곧게 자라지 않고 가지가 수평으로 넓게 퍼지는 점이 특징입니다. 특히 지
상 1.3m 되는 부분에서 줄기가 여러 갈래로 갈라져 수관이 거의 수평으로 발달한
독특한 형태를 이루고 있습니다.

　　낙강물길공원에서 안동 주하리 뚝향나무까지의 거리는 약 10km입니다.

여행길에 만난 나무 이야기

74. 병산서원(경상북도 안동시 풍천면 병산길 386)

병산서원은 유네스코 세계문화유산에 등재된 한국 서원 건축의 대표적인 걸작으로, 조선시대의 학문과 유교 전통을 계승한 역사적 명소입니다. 고려 중기 이후 지방 유림의 후학들이 학문을 연마하던 공간으로 시작되었으며, 1572년(선조 5년) 퇴계 이황의 문인들이 그의 학문과 덕행을 기리기 위해 서원으로 정비하였습니다.

특히, 서원의 중심에 자리한 누각 건물 만대루(晩対楼)는 보물 제2104호로 지정되어 있으며, 이곳에서 바라보는 경관은 한 폭의 동양화를 연상시킬 만큼 아름답습니다.

근교 추천   ❶ 안동하회마을(5.5km) ❷ 부용대(8km) ❸ 체화정(10km) ❹ 신세동벽화마을(28km)
방문 정보   주차 : 무료 ｜ 입장료 : 무료 ｜ 관람시간 : 09:00~18:0

− 배롱나무

배롱나무 꽃

배롱나무 수피

배롱나무는 여름철 7월부터 늦가을까지 약 100일간 붉은 꽃을 피우는 특징이 있어 '목백일홍(木百日紅)'이라는 이름으로도 불립니다. 오래도록 화려한 꽃을 유지하는 특성 덕분에 고택과 서원, 사찰 등 역사적으로 의미 있는 장소에서 자주 볼 수

여행길에 만난 나무 이야기

있는 나무로 자리 잡았습니다.

이 나무는 매끄럽고 독특한 수피(나무껍질)를 가지고 있으며, 손으로 살살 긁으면 먼 곳의 나뭇잎도 미세하게 움직이는 듯한 반응을 보여 '간지럼나무'라는 별칭으로도 불립니다. 연한 붉은 갈색을 띠는 수피는 시간이 지나면서 얇은 조각으로 떨어져, 나무 표면에 독특한 흰 무늬를 형성하는 것이 특징입니다. 이러한 특성은 배롱나무의 생장 과정에서 자연스럽게 나타나는 현상으로, 세월이 흐를수록 더욱 아름다운 질감을 만들어냅니다.

안동 병산서원 입교당 뒤편에는 수령 390년 이상 된 배롱나무 여섯 그루가 자리하고 있으며, 오랜 세월 동안 병산서원의 역사와 함께하며 조선 시대 선비들의 학문과 정신을 지켜봐 온 살아 있는 유물이기도 합니다.

75. 초간정(경상북도 예천군 용문면 용문경천로 874)

초간정은 예천 권씨 초간종택의 사랑채를 지칭하는 정자로, 조선 중기의 학자인 초간 권문해가 1582년(선조 15년) 벼슬에서 물러난 뒤 심신을 수양하고 말년을 보내기 위해 지은 정자입니다. 이 정자는 임진왜란(1592) 때 소실되었으나, 1739년(영조 15년) 후손인 권봉의가 옛터에 다시 집을 짓고, 바위 위에 3칸 규모의 정자를 세워 복원하였습니다. 조선 시대 정자 건축의 아름다움을 잘 간직하고 있어 국가 보물로 지정되었으며, 이 일대 예천 초간정 원림도 2008년 명승으로 지정되었습니다.

근교 추천	❶ 예천용문사대장전(4.3km) ❷ 회룡포(23km) ❸ 삼강주막마을(27km)
방문 정보	주차 : 무료 | 입장료 : 무료 | 관람시간 : 상시

— 예천 천향리 석송령(천연기념물 제294호)

　석송령은 경북 예천군 천향리 석평마을 입구에 자리한 수령 약 700년의 반송(소나무)으로, 세금을 내는 부자나무로 유명합니다. 1982년 천연기념물로 지정된 이 나무는 한 그루임에도 숲처럼 보이는 독특한 형태를 지니고 있습니다.

　이 나무와 관련된 흥미로운 이야기가 전해집니다. 이 나무가 있는 석평마을에 살던 이수목 노인은 특별한 기운을 느껴, 마을 이름에서 따온 '석(石)'과 영혼이 있는 소나무란 뜻의 '송령(松靈)'을 합쳐 '석송령'이라 이름 지었습니다. 노인은 자신의 재산이었던 2,000여 평의 토지를 석송령에게 상속하였고, 이후 석송령은 임대료 수익을 통해 은행에 재산을 관리하며 세금을 납부하고 마을 학생들에게 장학금을 지급하는 등 특별한 존재로 자리 잡았습니다.

76. 회룡포(경상북도 예천군 용궁면 회룡포길 362)

회룡포는 대한민국 명승 제16호로 지정된 예천의 대표적인 자연 경관지입니다. 낙동강의 지류인 내성천이 S자 형태로 마을을 감싸 안 듯 휘감아 흐르며 형성한 자연의 걸작으로, 모래사장이 넓게 펼쳐져 있어 육지 속의 섬 같은 느낌을 자아냅니다.

주차장에서 5분 정도 도보 이동하면 회룡전망대에 도착하며, 이곳에는 두 개의 정자가 자리하고 있습니다. 아래쪽 정자에서 바라보는 풍경이 가장 아름답다고 알려져 있으며, 이곳에서 내려다보면 내성천이 굽이쳐 흐르며 만든 독특한 지형과 드넓은 백사장이 한눈에 들어옵니다.

근교 추천 ❶ 용궁역테마공원(7km) ❷ 삼강주막마을(9.7km) ❸ 진남교반(26km) ❹ 고모산성(27km)

방문 정보 주차 : 무료 | 입장료 : 무료 | 관람시간 : 상시

─ 예천 금남리 황목근(천연기념물 제400호)

황목근

황만수

천연기념물 제400호인 황목근은 나무이지만 세금을 내는, 우리나라에서 가장 많은 토지를 소유한 '부자나무'입니다. 종합토지소득세를 납부하고 지방세를 한 번도 체납하지 않은 모범 납세목으로, 경상북도 예천군 용궁면 금남리 696번지에 위치하며 수령은 약 500년 된 팽나무입니다.

이 나무가 있는 금원마을 사람들은 예로부터 동신제를 지내기 위한 계를 조직하고, 쌀을 조금씩 모아 기금을 조성하며 토지를 매입해 공동재산으로 운영해 왔습니다. 그러나 향후 소유권 분쟁 가능성을 우려한 주민들은 논의 끝에, 공동명의 대신 마을의 수호목인 팽나무 '황목근'의 이름으로 등기하기로 결정했습니다.

팽나무 꽃이 황색을 띠는 데서 착안하여 성은 '황,' 이름은 근본이 있는 나무라는 뜻으로 '목근'이라 지어졌습니다. 황목근 나무가 물려받은 재산은 약 4,200평의 토지이며, 황목근이 소유한 논에서 농사를 짓는 사람들은 매년 경작료를 납부하고 있습니다. 이 수익금은 마을 학생들의 장학금으로 활용되며, 자산 관리를 위한 별도의 통장도 두 개 보유하고 있어, 실제 재산을 운영하는 나무라는 독특한 사례로 주목받고 있습니다.

황목근 바로 인근에는 후계목인 팽나무 '황만수'가 있습니다. 이 나무는 마을 제단 주변 석축 사이에서 싹이 터 자라던 것을 2002년 현재 위치로 옮겨 심었으며, 마을 주민들이 장수를 기원하는 뜻으로 이름을 지었습니다.

회룡포에서 예천 금남리 황목근까지의 거리는 약 7.9km입니다.

여행길에 만난 나무 이야기

77. 삼강주막 마을 (경상북도 예천군 풍양면 삼강리 166-1)

낙동강 내성천 금천에서 흘러나오는 세 강물이 하나로 만나는 자리여서 삼강(三江)이라 불리는 삼강주막 마을은 과거 나루터가 있던 자리에 조성된 과거 체험 마을입니다. 조선 시대 삼강주막은 한양으로 과거를 보러 가거나 아니면 낙방하여 낙향하던 과객들에게 허기를 면하게 해주고 보부상들의 숙식처로, 때론 시인 묵객들의 보금자리로 이용되었습니다.

삼강주막은 우리나라에서 마지막까지 운영된 주막으로, 역사 자료로서의 희소가치가 클 뿐만 아니라, 조선 후기의 서민 생활과 교통 문화를 엿볼 수 있는 중요한 유적입니다.

건축 역사 자료로서 희소가치가 클 뿐만 아니라 옛 시대상을 읽을 수 있는 역사와 문화적 의의를 간직하고 있는 곳이기도 합니다.

근교 추천 ❶ 용궁역(7.2km) ❷ 경천대국민관광지(17km) ❸ 도남서원(18km)

방문 정보 주차 : 무료 | 입장료 : 무료 | 관람시간 : 상시

— 삼강주막 회화나무(11-27-12-23 보호수)

　삼강주막 뒤편에 자리한 수령 450년의 회화나무는 삼강주막과 함께 세월을 견디어 온 나무로, 삼강주막의 마지막 주모였던 유옥련 할머니가 각별한 애정을 갖고 가꾸며 보살펴 왔다고 전해집니다.

　회화나무의 전형적인 수형을 갖춘 삼강주막 회화나무는 7개의 굵은 줄기와 넓게 펼쳐진 가지들이 조화를 이루고 있습니다. 바로 앞에 자리한 아담한 크기의 주막과 어우러지면서 나무는 더욱 웅장하고 당당한 모습을 강조하고, 반대로 주막은 나무 덕분에 한층 더 아늑하고 정겨운 분위기를 자아냅니다.

　　　　　　　　　　　　　　　　　　　　여행길에 만난 나무 이야기

− 상주 두곡리 뽕나무(천연기념물 제559호)

상주시 은척면 두곡리 324에 위치한 두곡리 뽕나무는 우리나라에서 두번째로 오래된 뽕나무로, 수령은 약 300년입니다. 이 뽕나무는 상주가 누에고치 생산의 본고장으로 자리매김해 온 오랜 양잠 역사와 전통을 증명해 주는 기념물로, 조선 인조때 뽕나무의 재배를 권장한 기록으로 보아 이때 심어진 것으로 추정됩니다.

삼강주막에서 상주 두곡리 뽕나무까지의 거리는 약 24km입니다.

─ 상주 두곡리 은행나무(경상북도 기념물 제75호)

　두곡리 뽕나무 인근, 노인회관 길옆에 자리 두곡리 은행나무는 수령 450년에 이르는 보호수로, 수형이 수려하고. 건강한 생장 상태를 유지하고 있습니다.

　마을 사람들은 이 은행나무가 마을을 지켜온 덕목이라 믿고 있으며, 또한 6 · 25 때에 이 마을이 전혀 피해를 입지 않은 것도 이 나무 덕분으로 생각하고 있습니다. 이러한 믿음 속에서 주민들은 나무를 신성하게 여기고 보호하며, 오늘날까지도 마을의 정신적 상징으로 소중히 가꾸고 있습니다.

　　　　　　　　　　　　　　　　　　　　여행길에 만난 나무 이야기

78. 국립해양과학관(경상북도 울진군 죽변면 해양과학길 8 KR)

국립해양과학관은 해양 과학과 바다 생태계를 종합적으로 탐구할 수 있는 국내 유일의 해양 전문 과학관으로, 하늘에서 내려다보면 바다에 비친 독도의 형상을 가진 건물입니다. 이곳에서는 해양 과학과 바다 생태계를 쉽고 재미있게 탐구할 수 있는 다양한 전시와 체험 프로그램이 마련되어 있어, 어린이부터 성인까지 폭넓은 연령층이 참여할 수 있습니다. 실제 해양 장비를 조작하는 체험 공간과 바닷속 생태계를 탐험하는 바닷속 전망대도 운영됩니다. 또한, 주변에는 바다마중길393과 파도소리놀이터 같은 야외 체험 공간이 조성되어 있어, 자연 속에서 여유로운 시간을 보낼 수 있습니다.

근교 추천   ❶ 죽변해안스카이레일(2.8km)   ❷ 민물고기생태체험관(16km)   ❸ 망양정(17km)

방문 정보   주차 : 무료 | 입장료 : 무료 | 관람시간 : 09:30~17:30

— 울진 화성리 향나무(천연기념물 제312호)

경상북도 울진군 죽변면 화성리 산190에 위치한 울진 화성리 향나무는 수령 약 500년으로 추정되는 보호수로, 측백나무과에 속하는 상록 침엽 교목입니다. 이 나무는 지역 주민들에게 오랜 세월 동안 신성한 존재로 여겨져 왔으며, '상나무' 또는 '노송나무'로도 불립니다.

회갈색의 나무껍질이 세로로 얇게 갈라지는 특징을 지니며, 독특한 수형과 강한 생명력으로 자연경관 속에서도 위엄 있는 자태를 뽐내고 있습니다.

국립해양과학관에서 울진 화성리 향나무까지의 거리는 약 5.9km입니다.

여행길에 만난 나무 이야기

─ 울진 후정리 향나무(천연기념물 제158호)

경상북도 울진군 죽변면 죽변중앙로에 위치한 서낭당 옆의 이 후정리 향나무는 울릉도에서 자라던 것이 태풍에 떠밀려 와서 이곳에 정착하였다고 전해집니다. 노거수로서 생물학적·민속학적 가치가 높아 2021년 천연기념물로 지정되어 보호받고 있습니다.

국립해양과학관에서 울진군 죽변면 후정리 297-2에 위치한 후정리 향나무까지의 거리는 약 2.4km입니다.

79. 망양정(경상북도 울진군 근남면 산포리 716-1)

울진 망양정은 관동팔경(関東八景) 중에서도 가장 아름다운 경치를 자랑하는 명소로, 예로부터
수많은 시인과 문객들이 그 아름다움을 찬미해온 장소입니다. 이 정자는 동해를 한눈에 내려다
볼 수 있는 산봉우리 위에 자리하고 있기에 사방으로 빼어난 자연경관을 감상할 수 있습니다. 동
쪽으로는 끝없이 펼쳐진 푸른 바다가 장관을 이루고, 서쪽으로는 울진의 대표적인 관광명소인
성류굴이 자리하며, 아래로는 부드러운 백사장을 자랑하는 망양해수욕장이 드넓게 펼쳐져 있
어, 바다와 산, 동굴이 조화를 이루는 절경을 자아냅니다.

근교 추천   **❶** 왕피천공원(2.1km)   **❷** 성류굴(3.5km)   **❸** 은어다리(4.7km)   **❹** 국립해양과학관(16km)

방문 정보   **주차** : 무료 | **입장료** : 무료 | **관람시간** : 상시

─ 울진 수산리 굴참나무(천연기념물 제96호)

울진 수산리 굴참나무는 수령 약 350년으로 추정되는 보호수로, 오랜 세월 동안 이 지역의 자연환경을 지켜온 이 나무는 울진의 대표적인 생태유산 중 하나로 평가받고 있습니다.

굴참나무는 참나무과에 속하는 낙엽성 교목으로, 두껍게 발달한 코르크질 수피와 약간의 털이 있는 작은 가지가 특징입니다. 매년 5월이면 한 나무에서 암꽃과 수꽃이 함께 피어 자연의 조화를 이루며, 가을에는 도토리가 열려 풍성한 결실을 맺습니다. 도토리는 예로부터 묵을 만들어 먹는 기호식품으로 활용되었을 뿐만 아니라, 과거에는 흉년을 대비하는 중요한 식량자원으로 쓰이며 우리 조상들의 생활과 밀접한 관계를 맺어 왔습니다.

원효대사와 함께 신라의 큰 스님으로 평가받는 의상대사가 직접 이 나무를 심었다고 전해지며, 전쟁 중 다급해진 왕이 이 나무 아래에 몸을 숨겼다는 전설이 내려옵니다. 이로 인해 나무 옆을 흐르는 강을 '왕피천(王避川)'이라 부르게 되었으며, 한때는 성류사를 찾는 스님들의 길잡이 역할을 하여 전통을 간직한 상징적인 존재로 여겨지고 있습니다.

망양정에서 경상북도 울진군 근남면 수산리 379-34에 위치한 굴참나무까지의 거리는 약 2.1km입니다.

여행길에 만난 나무 이야기

― 울진 행곡리 처진소나무(천연기념물 제409호)

경상북도 울진군 근남면 행곡리 672에 위치한 행곡리 처진소나무는 수령은 약 350년로 추정되는 보호수로, 자연경관적 아름다움과 생태적 희귀성을 인정받아 보호되고 있습니다.

이 소나무는 가늘고 길게 아래로 늘어지는 우산형(雨傘形)의 처진 수형을 지니고 있어, 충북 보은의 정이품송과 유사한 형태를 보입니다. 그러나 행곡리 처진소나무는 보다 부드럽고 유려한 가지의 흐름을 가지며 자연이 빚어낸 예술적 조형미를 자랑합니다. 특히, 줄기 끝에서 붉게 뻗어나가는 가지들이 용틀임을 연상시키며 이 나무만의 독창적이고 기품 있는 아름다움을 더욱 돋보이게 합니다.

망양정에서 울진 행곡리 처진소나무까지의 거리는 약 5km입니다.

여행길에 만난 나무 이야기

80. 주산지(경상북도 청송군 부동면 주산지길 163)

주산지는 조선 경종 1년(1720년) 8월에 10월에 만들어진 인공 저수지로, 하류 지역 마을에 농업용수를 공급하기 위해 조성된 연못입니다. 주산지의 풍광은 사계절 모두 다른 매력을 갖고 있지만, 특히 가을철 새벽에 피어오르는 물안개와 울긋불긋한 단풍이 어우러지는 풍경은 주산지의 절경 중에서도 으뜸으로 꼽히며, 많은 사진작가와 여행객들에게도 이 시기는 최고의 방문 시기로 손꼽힙니다.

연못 속에서 자라는 왕버들은 주산지의 상징적인 존재로, 오랜 세월 물속에서도 강인하게 생명을 이어가며 자연과의 조화로움을 보여줍니다. 또한, 솔부엉이, 원앙, 수달, 하늘다람쥐 등 다양한 동식물이 서식하는 천혜의 자연이 살아 숨 쉬는 생태관광지로 주목받고 있습니다.

근교 추천   ❶ 절골계곡(1.3km) ❷ 주왕산(7.2km) ❸ 옥계계곡(18km) ❹ 송소고택(22km)

방문 정보   주차 : 무료 │ 입장료 : 무료 │ 관람시간 : 05:00~17:00

— 청송 주왕산 주산지 왕버들

왕버들 꽃   왕버들 열매   왕버들 잎

왕버들은 물가에서 자라는 대표적인 수종이지만, 주산지의 왕버들처럼 수면 위로 웅장한 줄기를 뻗어 자라는 모습은 국내에서 쉽게 찾아볼 수 없는 희귀한 광경입니다. 주산지는 경상북도 청송군 주왕산 국립공원 내에 위치한 인공 저수지로,

아름다운 자연 경관과 더불어 생태적 가치가 높은 곳으로 알려져 있습니다.

이곳에는 수령 20년에서 300년에 이르는 왕버들 약 30여 그루가 물속에 뿌리를 내린 채 강인한 생명력을 과시하며, 주변의 수려한 산세와 조화를 이루어 장관을 연출합니다. 사계절마다 색다른 풍광을 선사하는 주산지는 봄에는 신록이 우거지고, 여름에는 짙은 녹음이 드리우며, 가을에는 단풍과 어우러져 황홀한 풍경을 연출하고, 겨울에는 고즈넉한 설경 속에서 고고한 분위기를 자아내는 명소로 손꼽힙니다.

우리나라에는 수양버들, 능수버들, 용버들, 왕버들, 갯버들 등 약 30종의 버드나무가 서식하고 있습니다. 일반적으로 주변에서 볼 수 있는 버드나무는 가지가 길게 늘어지는 능수버들과 수양버들이 대부분이지만, 주산지의 왕버들은 특유의 강한 생명력과 독특한 생장 형태로 인해 자연경관적·생태학적으로도 높은 가치를 지니고 있습니다.

제10장

경상남도

81. 남해 화방사 산닥나무 자생지
(경상남도 남해군 고현면 대곡리 산99번지)

화방사는 신라 시대에 창건된 것으로 전해지는 유서 깊은 사찰로, 오랜 세월 동안 지역의 불교 신앙과 문화를 지켜온 중요한 사찰입니다. 특히 조선 시대에는 불경을 필사하거나 서적을 제작하는 과정에서 한지(韓紙)가 필수적이었으며, 이에 따라 사찰 주변에 종이 제작에 필요한 나무들이 식재된 것으로 추정됩니다. 산닥나무는 이러한 배경 속에서 사찰 문화와 깊은 연관을 가지며 자생지를 형성한 것으로 보입니다.

근교 추천 ❶ 남해충렬사(14km) ❷ 물건리방조어부림(25km) ❸ 다랭이마을(27km)

방문 정보 주차 : 무료 | 입장료 : 무료 | 관람시간 : 상시

─ 산닥나무

산닥나무 꽃   산닥나무 열매   산닥나무 잎

산닥나무는 산과 계곡의 나무 아래에서 자라는 낙엽성 관목으로, 특히 습기가 많고 비옥한 토양에서 잘 자라는 특성을 지니고 있습니다. 국내에서 비교적 희귀한 수종으로 알려진 이 나무는 주로 강화도와 전라남도, 경상남도의 일부 도서 및 해

안 산지에서 자생합니다.

산닥나무는 옛날부터 종이 제작의 귀한 원료로 사용되었으며, 나무껍질과 뿌리의 섬유질이 질긴 특성을 지녀 한지(韓紙) 제작에 적합한 재료로 활용되었습니다. 조선 시대에는 사찰에서 불경을 필사하거나 서적을 제작하는 데 종이가 필수적이었기 때문에 산닥나무를 절 주변에 많이 심었던 것으로 추정됩니다. 일부 기록에 따르면, 종이 생산을 위해 일본에서 산닥나무를 들여와 심은 것이 유래가 되었으며, 이후 자생지를 형성하며 오늘날까지 이어져 온 것으로 보입니다.

남해 화방사 주변의 산닥나무 자생지는 생태학적·역사적 가치를 동시에 지닌 보호 지역으로 평가받고 있으며, 조선 시대 사찰 문화와 종이 제작의 전통을 엿볼 수 있는 중요한 유산으로 자리 잡고 있습니다.

82. 남해 물건리 방조어부림

(경상남도 남해군 삼동면 물건리 산12-1번지)

남해 물건리 방조어부림은 약 300년 전, 마을 사람들이 해안선을 따라 조성한 숲으로, 강한 바닷

바람과 해일로부터 농작물과 마을을 보호하기 위해 만들어진 인공림입니다. 또한, 물고기가 서

식하기 좋은 환경을 형성하여 어부림(魚付林)의 역할도 수행하며, 물고기 떼를 유인하는 기능을

합니다. 푸조나무, 상수리나무, 느티나무, 윤노리나무, 붉나무, 보리수나무, 두릅나무 등 1만여

그루의 다양한 수목이 울창하게 조성되어 있으며, 바다와 어우러져 아름다운 자연 경관을 자아

냅니다.

근교 추천 ❶ 독일마을(1.8km) ❷ 원예예술촌(2.3km) ❸ 다랭이마을(30km)

방문 정보 주차 : 무료 | 입장료 : 무료 | 관람시간 : 상시

ㅡ 푸조나무

푸조나무 꽃   푸조나무 열매   푸조나무 잎

푸조나무는 우리나라 토종 나무로, 남부 지방에서 느티나무나 팽나무만큼 흔히 볼 수 있는 수종입니다. 주로 바닷가 마을의 정자나무나 방풍림으로 많이 심어졌으며, 강한 바닷바람을 막아주는 역할을 합니다.

이름의 유래는 오랜 세월 푸근하고 넉넉한 그늘을 제공한다는 뜻에서 비롯되었으며, 지역 주민들에게 쉼터와 자연의 보호막 역할을 해온 나무입니다.

− 윤노리나무

윤노리나무 꽃   윤노리나무 열매   윤노리나무 잎

　윤노리나무는 장미과에 속하는 낙엽 관목으로, 우리나라 남부 지역 산지에서 자생하며 높이 2~3m까지 자랍니다. 가지가 부드럽고 유연한 특징이 있으며, 4~5월에는 작은 흰색 꽃이 피고, 가을에는 붉은 열매가 맺혀 쉽게 눈에 띕니다.

　특히 잎과 줄기가 윷놀이의 윷 제작에 사용되어 '윤노리나무'라는 이름이 붙었다고 전해지며, 과거에는 염료로도 활용되었습니다. 현재는 산림 녹화 및 조경수로서 가치가 높은 수종입니다.

83. 남해 미조리 상록수림
(경상남도 남해군 미조면 미조리 산121번지)

남해 미조리 상록수림은 바닷가 언덕 경사면의 암벽을 보호하고 강한 해풍을 막기 위해 조성된 숲으로, 사계절 내내 푸른 잎을 유지하는 상록수가 울창하게 자생하며 독특한 생태계를 형성하고 있습니다. 숲의 가장 윗부분은 낙엽 활엽수인 느티나무와 팽나무 등이 있고 그 아래쪽에는 상록수인 후박나무, 육박나무, 생달나무 등이 서식하고 있습니다. 이러한 다양한 식생 구조 덕분에 식물학적 연구 가치가 높아 천연기념물로 지정되어 보호받고 있습니다.

근교 추천 　❶ 독일마을(13km)　❷ 물건리방조어부림(13km)　❸ 원예예술촌(14km)

방문 정보 　**주차 : 무료 ｜ 입장료 : 무료 ｜ 관람시간 : 상시**

─ 육박나무

육박나무 꽃   육박나무 열매   육박나무 잎

육박나무는 우리나라를 비롯하여 일본, 대만 등 동아시아의 온난한 지역에서 자라는 녹나무과에 속하는 상록수입니다. 이 나무는 수피가 육각형 모양으로 벗겨지는 독특한 특징을 가지고 있으며, 이러한 특성에서 '육박나무'라는 이름이 유래되었

습니다. 육각형 패턴이 군복의 위장 무늬와 유사하여 '해병대나무' 또는 '국방부나무'라는 별칭으로도 불립니다.

4~5월경이 되면 황백색의 작은 꽃이 피며, 향이 은은하여 꿀벌 등의 곤충을 유인하는 역할을 합니다. 꽃이 지고 나면 가을철에 이르면 열매가 둥글게 익어 검은 빛을 띠며, 일부 조류와 동물들의 먹이가 되기도 합니다.

또한 육박나무는 단단한 목재를 가지며, 가구나 건축 자재로도 활용될 수 있습니다. 또한 잎과 나무껍질에는 약리 성분이 함유되어 있어, 일부 지역에서는 한방에서 약재로 사용되기도 합니다. 더불어, 상록성으로 인해 사철 내내 푸른 수관을 유지하며 환경 적응력이 뛰어나 도시 조경, 공원, 도로변 가로수, 방풍림 조성 등에 폭넓게 활용됩니다.

여행길에 만난 나무 이야기

─ 생달나무

생달나무 꽃   생달나무 열매   생달나무 잎

생달나무는 우리나라 전라남도와 제주도 일대에 자생하는 상록수로, 껍질에서 계피향이 나는 것이 특징입니다. '생달'이라는 이름은 좁고 가느다란 나뭇잎이 '찌(대나무의 얇은 조각)'를 닮았고, 목질이 박달나무처럼 단단하여 붙여진 이름입니다. 4~5월경 연한 녹색 꽃이 피며, 가을에는 작은 검붉은 열매가 맺혀 새들의 먹이로도 이용됩니다.

84. 가천 다랭이마을
(경상남도 남해군 남면 남면로 679번길 21)

가천 다랭이마을은 해안 절벽을 따라 층층이 조성된 계단식 논(다랭이 논)으로 유명한 남해의 대표적인 명승지입니다. 다랭이 논은 산지와 비탈면을 개간해 만든 계단식 논으로, 척박한 환경에서도 주민들이 쟁기 등 전통 농기구를 이용해 경작을 이어가는 살아있는 농업 문화 유산입니다. 마을 곳곳에는 암수바위, 밥무덤, 구름다리, 몽돌해변 등 명소가 있으며, 바다를 배경으로 펼쳐진 다랭이 논과 전통 가옥들은 사계절 내내 아름다운 풍경을 자랑하며, 특히 일출과 노을이 질 때는 더욱 멋진 장관을 연출합니다.

근교 추천 　❶ 독일마을(25km)　❷ 물건리방조어부림(26km)　❸ 관음포첨망대(30km)

방문 정보 　**주차 : 무료　｜　입장료 : 무료　｜　관람시간 : 상시**

─ 남해 창선도 왕후박나무(천연기념물 제299호)

창선도 왕후박나무는 수령 500년 이상 된 역사적 가치가 높은 보호수로, 이 나무와 관련된 흥미로운 전설이 전해져 내려옵니다.

옛날 창선도에 살던 한 부부가 바다에서 커다란 물고기를 잡았는데, 그 배 속에서 정체를 알 수 없는 신비로운 씨앗 하나를 발견하였습니다. 부부는 이를 신기하게 여겨 정성스럽게 땅에 심었고, 세월이 흐르면서 그 씨앗이 자라 웅장한 왕후박나무가 되었다고 전해집니다.

이 전설은 단순한 이야기 이상의 의미를 가지며, 왕후박나무가 지닌 강한 생명력과 뛰어난 생태적 적응력을 상징적으로 보여줍니다. 실제로 왕후박나무는 일반 후박나무보다 잎이 넓고 두꺼우며, 뿌리가 깊게 뻗는 특성을 가지고 있어 해안가의 강한 바람과 염분을 견디며 성장하는 대표적인 방풍림입니다.

가천 다랭이마을에서 경상남도 남해군 창선면 대벽리 669-1번지에 위치한 남해 창선도 왕후박나무까지는 약 35km 거리에 위치해 있어 다소 거리가 있지만, 사천으로 가는 길목에 있어 둘러 보기에 좋은 명소입니다.

여행길에 만난 나무 이야기

85. 사천 무지개 해안도로
(경상남도 사천시 용현면 금문리 212-3)

사천 무지개 해안도로는 용현면 송지리에서 대포동까지 약 3km 구간에 걸쳐 펼쳐진 아름다운 해안 드라이브 코스입니다. 해안을 따라 조성된 도로는 알록달록한 경계석이 독특한 풍경을 연출하며, 바다와 어우러진 다채로운 색감이 인상적이라 사진 촬영 명소로 많은 관광객이 찾는 곳입니다. 탁 트인 남해의 전경을 감상하며 여유롭게 드라이브를 즐길 수 있으며, 일몰 무렵에는 바다와 하늘이 어우러지는 장관을 감상할 수 있습니다.

근교 추천 ❶ 노산공원(12km) ❷ 대방진굴항(13km) ❸ 곤양성내공원(17km)

방문 정보 **주차 : 무료 | 입장료 : 무료 | 관람시간 : 상시**

─ 사천 성내리 비자나무(천연기념물 제287호)

비자나무 꽃　　　　비자나무 열매　　　　비자나무 잎

　　곤양 성내리 면사무소 정문 앞에 자리한 두 그루의 비자나무는 수령 약 300년으로, 과거 곤양군(1419~1914) 읍성 내 형방(形房) 터에 위치하고 있습니다. 전해지는 이야기에 따르면, 당시 형방(형옥을 관장하던 관청)의 앞뜰에 심어진 비자나무가 오랜 세월을 거쳐 오늘날까지 이어져 왔다고 합니다. 이 나무는 당시 형방에서 사용

　　　　　　　　　　　　　　　　　　　여행길에 만난 나무 이야기

된 나무일 가능성이 있으며, 그 역사적 배경으로 인해 지역민들에게 더욱 의미 있는 존재로 여겨지고 있습니다.

비자나무는 재질이 치밀하고 단단하여 예로부터 고급 가구, 바둑판, 건축재로 널리 활용되었으며, 특히 내구성이 뛰어나 오래도록 보존될 수 있는 특징을 가지고 있습니다. 또한, 비자나무의 씨앗은 한방에서 구충제로 사용되었으며, 과거 의약품이 부족했던 시절 기생충을 제거하는 약재로 쓰여 인류 생활과 밀접한 관련이 있었습니다.

이 나무의 이름은 잎 모양이 한자 '비(非)' 자와 유사하여 붙여졌으며, 이러한 독특한 형태 덕분에 오래전부터 많은 사람들의 관심을 받아온 수종입니다. 비자나무는 상록수로서 연중 푸른 잎을 유지하며, 도시 환경에서도 공해에 강한 특성을 지녀 조경수로도 가치가 높습니다.

사천 무지개 해안도로에서 곤양면 성내리 194-9에 위치한 비자나무까지의 거리는 약 17km입니다.

86. 대방진 굴항(경상남도 사천시 대방동 250)

대방진 굴항은 고려 말, 남해안을 침범하던 왜구를 막기 위해 조성된 군항 시설로, 임진왜란 당시 충무공 이순신 장군이 수군 기지로 활용했던 장소입니다. 전략적으로 중요한 해안 방어 거점이었으며, 이후 조선 순조(1800~1834) 때 진주 병마절도사가 진주목 관할 73개 면의 백성을 동원하여 돌로 둑을 쌓아 지금의 형태로 정비한 것으로 알려져 있습니다. 이곳은 바닷물이 드나드는 반원형 항구 형태를 띠고 있으며, 조선 시대의 해양 방어 체계를 보여주는 대표적인 유적으로 평가받고 있습니다.

근교 추천　❶ 노산공원(2.8km)　❷ 남일대해수욕장(5.1km)　❸ 상족암군립공원(12km)

방문 정보　주차 : 무료　｜　입장료 : 무료　｜　관람시간 : 상시

- 팽나무와 느티나무

　사천의 숨은 아름다운 여행지 대방진 굴항은 삼천포 앞바다와 어우러져 아름다운 경관을 자랑합니다. 굴항 내부에서는 바깥의 상황을 환히 내다볼 수 있는 구조라 병선을 숨겨두기 딱 좋은 구조로, 임진왜란 때 이순신 장군이 이곳에 거북선을 숨겨두었다는 이야기도 전해집니다. 둑을 쌓은 곳 사이사이, 구불구불 수려하게 가지를 뻗은 느티나무와 팽나무 등 수백 년을 함께 한 노거수들의 자태가 예사롭지 않습니다.

87. 태화강 국가정원(울산광역시 중구 태화강 국가정원길 154)

태화강 국가정원은 태화강의 수질 개선과 둔치의 생태 복원을 통해 조성된 울산의 대표적인 친환경 공간으로, 산업화로 인해 방치되었던 십리대숲을 정비하여 도심 속 생태 공원으로 탈바꿈한 곳입니다. 2019년 7월, 전남 순천만 국가정원에 이어 대한민국 제2호 국가 정원으로 공식 지정되었습니다. 정원은 십리대숲을 중심으로 계절별 테마 정원, 습지 및 수생 식물원, 야생화 단지 등 다양한 공간으로 구성되어 있습니다. 특히 십리대숲은 길이 약 4km에 이르는 대나무 숲길로, 걷기 좋은 산책로와 자전거 도로가 조성되어 있어 시민과 관광객들에게 힐링 공간을 제공합니다.

근교 추천 ❶ 울산시립미술관(3.6km) ❷ 선암호수공원(11km) ❸ 대왕암공원(17km)

방문 정보 주차 : 무료 | 입장료 : 무료 | 관람시간 : 상시

— 태화강 국가정원 왕버들

태화강 국가정원 중심부에는 웅장한 자태를 자랑하는 두 그루의 왕버들나무가 자리하고 있습니다. 수령 약 60년으로 비교적 젊지만, 태화강 국가정원 내에서 가장 오래된 나무로 기록되며, 정원의 역사와 함께해온 상징적인 존재입니다. 나무의 위엄 있는 자태와 역사적 의미를 기리기 위해, 이 나무들이 자리한 광장은 '왕버들 광장'이라는 이름으로 명명되었습니다.

88. 평사리 최참판댁(경상남도 하동군 악양면 평사리길 66-7)

평사리 최참판댁은 섬진강과 악양 들판이 어우러진 경관 속에 자리한 명소로, 박경리의 대하소설 『토지』의 배경을 재현한 공간입니다. 소설 속 최참판댁을 실제로 구현하기 위해 조성된 이곳은 전통 한옥 14동으로 구성되어 있으며, 조선 후기 상류층 가옥의 구조와 생활 양식을 충실히 반영하고 있습니다. 지리산 자락에 자리한 이곳은 한옥과 더불어 초가집, 생활 유물 등이 함께 조성된 드라마 세트장 역할도 하며, 시대적 정취를 고스란히 담아내고 있습니다.

근교 추천　❶ 화개장터(6.9km)　❷ 쌍계사(9.2km)　❸ 섬진강매화마을(16km)
방문 정보　**주차** : 무료 | **입장료** : 성인 2,000원 어린이 1,000원 | **관람시간** : 09:00~18:00

─ 하동 송림(천연기념물 제445호)

　하동 송림은 조선 영조 21년(1745년), 당시 도호부사였던 전천상이 강바람과 모래바람의 피해를 막기 위해 심었던 소나무 숲으로, 50~300년 된 소나무 약 900여 그루가 서식하고 있는 곳입니다. 옆으로 넓게 펼쳐진 백사장과 맑은 섬진강물이 어우러져 한층 더 아름다운 경관을 자랑하며, 노송의 거북등처럼 갈라진 나무껍질은 마치 옛 장군들이 입었던 철갑옷을 연상케 합니다. 이곳은 우리나라를 대표하는 노송 숲 중 하나로, 빼어난 경관과 오랜 세월이 깃든 역사적 의미를 간직한 명소입니다.

　평사리 최참판댁에서 하동 송림까지의 거리는 약 13km로, 자동차로 15분 정도 소요됩니다.

─ 하동 축지리 문암송(천연기념물 제491호)

　문암송은 씨앗이 문암이라는 바위 틈에서 뿌리를 내려 마치 바위에 걸터앉은 듯한 독특한 형태로 자란 소나무입니다. 바위를 뚫고 나온 듯한 소나무 아래로 풍광이 그림 같은 너른 들판과 강물이 한눈에 들어옵니다.

　마을 사람들은 이 나무와 바위에 마을을 지키는 신이 깃들어 있다고 여겨 매년 봄 문암송 밑에서 제사를 지내는데, 이를 '문암송대제'라 합니다.

　문암송의 수령은 약 600년으로 추정되며, 평사리 최참판댁에서 하동군 악양면 축지리 산83에 위치한 하동 축지리 문암송까지의 거리는 약 2.7km입니다.

　　　　　　　　　　　　　　　　　　　　　　　여행길에 만난 나무 이야기

89. 개평한옥문화체험휴양마을
(경상남도 함양군 지곡면 개평길 35-9)

개평한옥문화체험휴양마을은 조선시대 한옥 고택이 잘 보존된 전통 마을로, 100년이 넘는 역사를 지닌 크고 작은 한옥 60여 채가 자리하고 있습니다. 함양은 예로부터 선비와 문인의 고장으로 이름난 곳으로, 이 마을 역시 유서 깊은 학문과 전통문화가 깃든 공간입니다. 특히, 조선 성리학의 거두이자 대표적 학자인 일두 정여창의 생가인 일두고택을 비롯해, 오담고택, 하동정씨고가, 노참판댁고가, 풍천노씨대종가 등 고풍스러운 멋을 간직한 한옥들이 마을을 이루고 있습니다.

근교 추천   ❶ 상림공원(8.3km) ❷ 거연정(19km) ❸ 지리산조망공원(22km)

방문 정보   주차 : 무료 | 입장료 : 무료 | 관람시간 : 상시

─ 함양 학사루 느티나무(천연기념물 제407호)

경상남도 함양군 함양읍 운림리 함양초등학교에 위치한 학사루 느티나무는 수령 약 500년으로, 함양의 역사와 함께 해온 귀중한 문화유산입니다. 이 느티나무는 조선 시대 영남학파의 종조(宗祖)인 점필재 김종직이 함양현감으로 재임할 당시, 함양 객사 내 학사루 앞에 심었다고 전해집니다. 오랜 세월을 견뎌온 이 나무는 뛰어난 수세와 아름다운 수형을 자랑하며, 함양의 역사적·문화적 가치를 상징하는 존재로 자리 잡고 있습니다. 이 때문에 함양의 역사를 알려주는 귀중한 나무로 인식되고 있습니다.

개평한옥문화체험휴양마을에서 함양읍 운림리 27-1에 위치한 함양 학사루 느티나무까지의 거리는 약 8.5km입니다.

여행길에 만난 나무 이야기

90. 오도재/지리산 조망공원
(경상남도 함양군 마천면 지리산가는길 534)

오도재는 함양에서 지리산으로 가는 가장 빠른 길로, 2004년 개통 이후 단순한 도로를 넘어 구불구불한 산길 자체가 하나의 명물로 자리 잡으며 관광명소로 각광받고 있습니다. 해발 750m에 위치한 오도재 정상에 오르면, 산자락을 따라 펼쳐진 웅장한 풍경이 한눈에 들어오며, 드라이브 코스로도 손색이 없습니다.

오도재 정상 바로 아래에는 지리산 조망공원이 조성되어 있으며, 지리산의 대표적 주능선인 노고단에서 천왕봉까지를 한눈에 조망할 수 있습니다. 이 공원은 백두대간의 끝자락에 자리한 함양군의 지리적 특성을 반영하여 조성된 공원으로, 사시사철 변화하는 지리산의 장관을 감상할 수 있는 명소입니다.

근교 추천 　❶ 상림공원(15km)　❷ 청계서원(21km)　❸ 개평한옥문화체험휴양마을(23km)

방문 정보 　주차 : 무료 ｜ 입장료 : 무료 ｜ 관람시간 : 상시

─ 함양 목현리 구송(천연기념물 제358호)

여행길에 만난 나무 이야기

경상남도 함양군 휴천면 목현리 854에 위치한 함양 목현리 구송은 수령 약 300년으로 추정되는 반송으로, 그 독특한 생김새와 역사적 가치로 인해 천연기념물로 지정되었습니다. 이 나무는 지면 가까운 곳에서 가지가 아홉 갈래로 갈라져 있어 '구송(九松)'이라는 이름이 붙었으며, 가지가 낮게 퍼지면서 우산형 수형을 이루어 균형 잡힌 아름다움을 자랑합니다. 반송 특유의 휘어진 줄기와 울창한 솔잎이 조화를 이루어 고풍스러운 분위기를 자아내며, 그 독창적인 형태와 미적 가치가 높이 평가되고 있습니다.

　　특히, 반송은 일반 소나무와 달리 생장 방식이 독특하여 줄기가 옆으로 퍼지는 특징을 가지며, 이는 자연적으로 형성된 예술적인 형태로도 인정받고 있습니다. 이처럼 구송은 수백 년의 세월을 거쳐 자연이 빚어낸 걸작으로 생태적 가치뿐만 아니라 경관적 가치 또한 뛰어납니다.

　　오도재/지리산조망공원에서 함양 목현리 구송까지의 거리는 약 9.8km입니다.

91. 함양 상림공원(경상남도 함양군 함양읍 필봉산길 49)

함양 상림공원은 경상남도 함양군 위천 연안에 조성된 우리나라에서 가장 오래된 인공림으로, 신라 시대 문장가이자 관리였던 최치원이 홍수 피해를 방지하기 위해 조성하였습니다. 그는 마을 중심부를 흐르던 위천의 물길을 조정하고 둑을 쌓아 이를 보호하기 위한 숲을 만들었으며, 이 숲이 오늘날까지 보존되어 천연기념물로 지정되었습니다. 공원 내에는 약 120여 종의 2만여 그루의 다양한 수목이 울창하게 자리를 잡고 있으며, 전형적인 온대 남부 낙엽활엽수림의 생태적 특징을 잘 보여주는 곳입니다.

근교 추천 ❶ 함양남계서원(7.9km) ❷ 개평한옥문화체험휴양마을(8.3km) ❸ 오도재(14km)
방문 정보 주차 : 무료 | 입장료 : 무료 | 관람시간 : 상시

─ 함양 상림공원

　　함양 상림은 다양한 수종이 어우러진 생태적 보고로, 상층부에는 개서어나무, 까
치박달, 굴참나무, 신갈나무, 참느릅나무, 느릅나무, 야광나무, 다릅나무, 회화나
무, 말채나무 등이 자생하고 있으며, 하층부에는 개암나무, 백동백나무, 좀깻잎나

무, 구지뽕나무, 자귀나무, 조록싸리, 작살나무, 박태기나무, 배롱나무 등이 자리하고 있습니다. 이처럼 다양한 식물 군락이 조성되어 있어 계절마다 변화하는 풍경이 아름다우며, 생태학적으로도 중요한 연구 대상이 되고 있습니다.

함양 상림은 단순한 숲을 넘어, 천년 이상의 역사를 간직한 문화유산이자, 우리 선조들의 자연재해 대응과 환경 보존 노력을 엿볼 수 있는 중요한 사례입니다. 또한, 오늘날에는 아름다운 자연 경관을 자랑하며 산책로, 생태 탐방로, 문화 행사장 등으로 활용되며 지역 주민과 방문객들에게 사랑받는 명소로 자리 잡고 있습니다.

92. 거연정(경상남도 함양군 육십령로 2590)

거연정이 자리한 화림동 계곡은 거연정에서 농월정까지 약 6km에 이르는 구간으로, 선비문화 탐방로로 지정되어 있습니다. 거연정은 남덕유산에서 발원한 남강 상류 화림동 계곡에 위치한 경승지로, 육십령을 넘어 안의면으로 향하는 길목에서 처음 마주하는 정자입니다. 고즈넉한 계곡과 어우러진 이곳은 조선 시대부터 선비들의 쉼터이자 풍류 공간으로 사랑받아 왔으며, 여전히 그 운치를 간직하고 있습니다.

정자로 가는 무지개다리인 '화림교'는 주변의 울창한 노송과 어우러져 더욱 운치 있는 경관을 자아냅니다. 계곡을 따라 흐르는 맑은 물 소리와 어우러진 거연정은 계절마다 변화하는 풍경 속에서 고풍스러운 자태를 선사합니다.

근교 추천 ❶ 개평한옥문화체험휴양마을(19km) ❷ 남계서원(20km) ❸ 상림공원(26km)

방문 정보 **주차** : 무료 | **입장료** : 무료 | **관람시간** : 상시

— 함양 운곡리 은행나무(천연기념물 제406호)

경상남도 함양군 서하면 운곡리 779번지에 위치한 함양 운곡리 은행나무는 수령 약 800년으로 추정됩니다. 풍수지리설에 따르면, 운곡리는 배의 형상을 하고 있으며, 이 은행나무는 마치 배의 돛과 같은 역할을 하여 마을의 번영과 평안을 기원하는 상징적 존재로 전해집니다. 가을이 되면 은행나무는 황금빛 단풍으로 물들어 장관을 이루며, 계절마다 변하는 모습이 운곡리의 고즈넉한 분위기와 조화를 이룹니다.

거연정에서 함양 운곡리 은행나무까지의 거리는 약 7km입니다.

여행길에 만난 나무 이야기

제11장

부산광역시

93. 범어사(부산광역시 금정구 범어사로 250)

범어사는 부산 금정산 자락에 자리한 유서 깊은 사찰로, 대한불교 조계종 제14교구 본사입니다. 해인사, 통도사와 함께 영남의 3대 사찰로 꼽히며, 신라 문무왕 18년(678년), 의상대사가 해동 화엄십찰(海東華嚴十刹) 중 하나로 창건한 것으로 전해지며, 오랜 세월 동안 불교 수행과 신앙의 중심지로 자리해 왔습니다. 특히, 전국 사찰 중 유일하게 국보인《삼국유사》를 소장하고 있어 그 역사적 가치를 더욱 높이고 있습니다.

사찰 내에는 다수의 국보·보물이 보존되어 있으며, 대표적으로 보물 제434호인 대웅전, 보물 제 250호인 3층 석탑, 당간지주, 일주문, 석등, 동·서 3층 석탑 등 다양한 문화재가 있습니다. 웅장한 건축물과 섬세한 조각이 조화를 이루며, 범어사의 오랜 역사를 고스란히 간직하고 있습니다.

근교 추천 ❶ 금강공원(10km) ❷ 부산시민공원(17km) ❸ 해동용궁사(28km) ❹ 감천문화마을(31km)

방문 정보 주차 : 무료 | 입장료 : 무료 | 관람시간 : 상시

─ 부산 범어사 등나무 군락(천연기념물 제176호)

등나무는 콩과에 속하는 낙엽성 덩굴식물로, 줄기가 오른쪽으로 감아 올라가며 길게는 10m 이상 자라는 특성을 가집니다. 봄철이 되면 은은한 향기를 지닌 보랏빛 꽃이 풍성하게 피어나며, 우아한 자태와 함께 아름다운 경관을 연출하여 정원수, 터널형 아치, 환경미화용 조경 소재로 널리 활용됩니다.

우리나라에는 남쪽에서 자라는 '애기등'과 전국적으로 분포하는 '등나무' 두 종류가 자생하며, 자연에서 무리를 지어 자라는 경우는 매우 드뭅니다. 특히, 부산 범어사 앞 계곡에 형성된 등나무 군락은 이러한 희귀성 때문에 주목받으며, 국내에서 유일하게 확인된 대규모 등나무 서식지입니다. 자연 상태에서 무리를 이루어 자라는 것이 극히 드문 식물적 특성을 고려할 때, 이 지역의 등나무 군락은 생물학적 연구 자료로서 매우 높은 가치를 지닌다고 볼 수 있습니다.

이 군락지는 등나무의 생태적 특성과 자연 번식 과정을 연구하는 데 중요한 사례를 제공하며, 한국 자생식물의 유전자 보존 및 생태계 보호 측면에서도 의미가 크다고 평가됩니다.

94. 부산 시민공원(부산광역시 부산진구 시민공원로 73)

부산 시민공원은 부산광역시 부산진구 범전동과 연지동에 걸쳐 있는 근린공원으로 부산의 중심 번화가에 이 정도의 크기를 가진 공원은 이전에도 없었기에 부산의 센트럴 파크라는 별명이 붙었습니다. 이곳에 있었던 주한미군 기지인 캠프 하야리아(Camp Hialeah)로 인해 하야리아 공원이라고 부르기도 하며, 금세기 최고의 공원 전문가인 제임스 코너의 설계를 바탕으로 만들어진 공원으로도 잘 알려져 있습니다.

근교 추천	❶ 흰여울문화마을(11km) ❷ 태종대(16km) ❸ 범어사(17km) ❹ 해동용궁사(21km)
방문 정보	주차 : 200원, 10분 단위 부과 │ 입장료 : 무료 │ 관람시간 : 상시

─ 부산 구포동 당숲(천연기념물 제309호)

구포동 당숲에 있던 수령 500~600년 된 팽나무는 높이 18.2m, 둘레 5.8m, 나뭇가지의 폭은 약 30m에 이를 정도로 거대한 규모를 자랑했습니다.

그러나 2006년 이후 나무의 상태가 점점 나빠져 2017년 문화재청의 고사 판정을 받았고, 2021년 장마로 고사목이 넘어지면서 현재는 나무의 밑동만 남아 있습니다. 하지만 이 팽나무의 후계목으로 심어진 어린 팽나무 3주, 그리고 소나무, 동백나무 등 10여 그루와 함께 당집이 여전히 민속학적 의미를 보존하고 있어, 2008년 문화재청은 구포동 당숲 전체를 천연기념물로 확대 지정하였습니다.

부산 시민공원에서 부산광역시 북구 구포동 1206-31에 위치한 구포동 당숲까지의 거리는 약 9km입니다.

— 부산 양정동 배롱나무(천연기념물 제168호)

수령 800년으로 추정되는 부산 양정동 배롱나무는 화지 공원 안 정문도(鄭文道)
묘 옆에 있습니다. 노거수로 정문도 묘를 조성할 당시 심어 보호하여 온 것으로, 고
려 중기 안일호장(安逸戶長)을 지낸 동래 정씨 시조의 묘소 양옆에 1그루씩 심었는
데 오래되어 원줄기는 죽고 주변의 가지들이 별개의 나무처럼 살아남아 오늘에 이
르렀다고 전해집니다. 배롱나무로서는 유일하게 천연기념물로 지정된 나무이기도
합니다.

부산 시민공원에서 부산진구 동평로 335에 위치한 양정동 배롱나무까지의 거리
는 약 2.5km입니다.

— 부산 좌수영성지 곰솔(천연기념물 제270호)

부산 좌수영성지의 곰솔은 나이가 400년 정도로 추정되며 높이 23.6m, 둘레 4.5m로 현재 수영공원 안에 있습니다. 땅에서부터 가지가 갈라지는 부분까지의 길이가 7m에 이르며 껍질은 거북의 등처럼 갈라져 있습니다. 전설에 의하면 조선시대 이곳에 좌수영(左水營)이 있었는데 그 당시 군사들은 이 나무가 군사를 보호해 주고 지켜주는 신성한 나무라 여겨 자신의 무사안일을 기원했다고 전해집니다.

여행길에 만난 나무 이야기

─ 부산 좌수영성지 푸조나무(천연기념물 제311호)

　수영공원 동쪽 비탈에서 자라고 있는 부산 좌수영성지 푸조나무는 나이가 500년 정도로 추정됩니다. 1.08m 높이에서 남북으로 기운 가지는 6.3m, 위로 솟은 가지는 3.88m로 마치 2그루의 나무가 자라는 모습으로 보입니다. 이 나무는 전체적으로 옆으로 기울어져 자라는데, 줄기에는 상처의 흔적이 있고 혹이 발달해 있으며 줄기의 끝은 죽었으나 전체적으로는 위엄 있는 모습입니다.

　부산 시민공원에서 수영구 수영동 271에 위치한 좌수영성지 푸조나무까지의 거리는 약 7.3km입니다.

제12장

제주도

95. 천지연 폭포(제주 서귀포시 천지동 667-7)

이름만큼이나 빼어난 서귀포 천지연 폭포는 조면질 안산암의 기암절벽이 하늘 높이 치솟아 마치 신선의 세계로 들어온 듯한 신비로운 느낌을 줍니다. 천지연 폭포의 하부에는 화산 물질과 해양 퇴적물로 구성된 서귀포층이 분포하고 있으며, 그 상부에는 약 40만 년 전 분출된 용암이 서귀포 층을 덮고 있습니다. 폭포 아래의 물 웅덩이 수심은 무려 20m에 이르며, 맑고 깊은 물속에는 천연기념물로 지정된 제주 무태장어(뱀장어)의 서식지로도 잘 알려져 있습니다.

근교 추천   ❶ 소남머리(1.4km) ❷ 이중섭미술관(1.4km) ❸ 정방폭포(2.5km) ❹ 한란전시관(8.6km)
방문 정보   **주차 :** 무료 | **입장료 :** 어른 2,000원 어린이 1,000원 | **관람시간 :** 09:00~22:00

─ 천지연 난대림(천연기념물 제379호)

천지연 난대림 지역 내의 자연 식생은 상록활엽수림과 낙엽활엽수림 그리고 침엽수림으로 구분됩니다.

상록활엽수림은 구실잣밤나무 군락, 종가시나무 군락, 아왜나무 군락의 세 개 군락으로 구성되어 있으며, 난대림의 대표적인 특성을 보여줍니다. 낙엽활엽수림은 팽나무 군락, 예덕나무 군락, 꾸지나무 군락, 올벚나무 군락, 푸조나무 군락 등 다섯 개의 군락으로 이루어져 있으며, 사계절에 따라 변화하는 경관이 특징적입니다. 침엽수림은 곰솔 군락이 주를 이루며 바람과 염분에 강한 특성으로 해안과 내륙 지역에서 안정적인 생태계를 형성하고 있습니다.

― 천지연 담팔수 자생지(천연기념물 제163호)

　서귀포 담팔수나무 자생지는 천지연 물가 일대를 가리키며, 이곳은 담팔수나무가 서식할 수 있는 북쪽 한계선에 해당하는 지역으로, 식물분포학적으로 중요한 연구 가치를 지닌 곳입니다.

　자생지 내에서는 천지연 서쪽 언덕에 다섯 그루의 담팔수나무가 자라고 있으며, 각각의 나무는 높이 약 9m에 달합니다. 뒷부분이 급경사지여서 가지가 자연스럽게 물가를 향해 퍼지는 독특한 생장 형태를 보이며, 이로 인해 천지연의 자연 경관과 조화를 이루고 있습니다.

96. 성산 일출봉(제주 서귀포시 성산읍 성산리 일출로 284-12)

해발 180m인 성산 일출봉은 약 5,000년 전 제주도 수많은 분화구 중에서도 드물게 바닷속에서 수중폭발한 화산체입니다. 이곳에서 바라보는 일출 광경은 영주 10경(제주의 경승지) 중 으뜸으로 꼽히며, 정상에 오르면 너비 8만여 평에 이르는 거대한 분화구의 모습이 마치 웅장한 성곽과 같다고 하여 '성산(城山)', 해가 떠오르는 장관을 연출한다고 하여 '일출봉(日出峰)'이라는 이름이 붙여졌습니다.

근교 추천 ❶ 섭지코지(6km) ❷ 우도등대공원(6km) ❸ 성읍민속마을(17km) ❹ 허브동산(20km)
방문 정보 주차 : 무료 │ 입장료 : 어른 2,000원 어린이 1,000원 │ 관람시간 : 07:00~20:00

― 평대리 비자나무숲(천연기념물 제374호)

　제주시 구좌읍 평대리에 위치한 비자나무숲(비자림)은 수령 500~800년에 달하는 비자나무 2,800여 그루가 밀집하여 자생하는 국내 최대 규모의 비자나무 군락지입니다. 이곳 비자림은 나도풍란, 풍란, 콩짜개란, 흑난초, 비자란 등 희귀한 난과식물의 자생지이기도 하며, 거목들이 군집한 세계적으로 보기 드문 비자나무숲으로 그 가치를 인정 받아 천연기념물로 지정 보호하고 있습니다.

　비자림은 고유의 신비로운 분위기와 울창한 수목이 어우러져 제주도의 대표적인 자연 생태 관광지로 자리 잡고 있으며, 성산 일출봉에서 제주시 구좌읍 평대리 산15번지에 위치한 평대리 비자나무숲(비자림)까지의 거리는 약 19km입니다.

97. 새연교(제주 서귀포시 서귀동 남성중로 40)

새로운 인연을 만들어가는 다리로 유명한 새연교는 서귀포항과 새섬을 연결하는 우리나라 최
남단이자 최장의 보도교로, 서귀포의 대표적인 랜드마크 중 하나입니다. 이 다리는 국내 최초
로 외줄 케이블 형식을 도입한 사장교로 설계되었으며, 서귀포 지역의 전통 고깃배 '테우'의 형
상을 모티브로 삼아 독창적인 디자인을 갖추고 있습니다. 낮에는 푸른 바다와 어우러진 산책로
로, 저녁에는 붉게 물드는 노을과 함께 낭만적인 분위기를 자아내는 야경 명소로도 사랑받고 있
습니다.

근교 추천 ❶ 이중섭거리(2.3km) ❷ 정방폭포(3km) ❸ 한라생태숲(29km) ❹ 허브동산(31km)
방문 정보 주차 : 무료 | 입장료 : 무료 | 관람시간 : 일출~22:00

─ 제주 한란(천연기념물 제191호)

한란(寒蘭)은 늦가을과 초겨울에 걸쳐 기온이 서늘하고 냉량한 계절에 꽃이 핀다 하여 붙여진 이름입니다. 극히 희귀한 종으로, 현재는 자연 상태에서 온전하게 남아 있는 개체가 매우 적으며 우리나라에서는 오직 한라산에서만 자생하는 식물로 알려져 있습니다. 이러한 희귀성과 학술적 가치를 인정받아 우리나라에서 유일하게 종 자체가 천연기념물로 지정되어 보호되고 있습니다.

새연교에서 제주 한란을 볼 수 있는 상효동 돈내코로 67번길 19 제주 한란전시관까지는 약 8.8km입니다.

98. 사려니 숲길(제주 서귀포시 표선면 가시리 산 158-4)

사려니 숲길은 제주의 숨은 비경 31곳 중 하나로, 울창한 삼나무 숲이 펼쳐진 제주도의 대표적인 생태 탐방로입니다. 이 숲길은 비자림로를 시작으로 물찻오름과 사려니오름을 거쳐가는 코스로 구성되어 있으며, 삼나무를 비롯해 졸참나무, 서어나무, 때죽나무, 편백나무 등 다양한 수종이 자생하고 있어 계절마다 변화하는 아름다운 풍경을 감상할 수 있습니다.

이 길은 사려니오름까지 이어지는 숲길이어서 '사려니 숲길'이라는 이름이 붙여졌으며, 맑은 공기와 푸른 녹음 속에서 산책과 트레킹을 즐기기에 최적의 장소입니다.

근교 추천　❶ 제주문학관(15km)　❷ 정방폭포(25km)　❸ 이중섭거리(26km)　❹ 허브동산(28km)

방문 정보　주차 : 무료　｜　입장료 : 무료　｜　관람시간 : 09:00∼17:00

─ 제주 산천단 곰솔 군 (천연기념물 제160호)

곰솔은 바닷가를 따라 자라는 특성 때문에 해송(海松)이라고도 불리며, 줄기 껍질의 색이 일반 소나무보다 어두워 흑송(黑松)이라는 별칭이 있지만, 정식 명칭은 곰솔입니다.

제주에서는 예로부터 한라산 백록담에서 하늘에 제사를 지내는 전통이 있었으나, 길이 험하거나 날씨가 좋지 않을 때에는 산천단(山川壇)에 자리한 곰솔 아래에서 제사를 올렸던 기록이 전해집니다.

현재 제주시 516로 3041-24에 위치한 산천단 곰솔 군락(8그루)은 수령 약 500~600년으로 추정되며, 오랜 세월 동안 제주의 역사와 전통 신앙을 함께 간직해온 보호수로서 의미가 깊습니다.

사려니 숲길에서 산천단 곰솔 군까지의 거리는 8.5km입니다.

─ 제주 봉개동 왕벚나무 자생지(천연기념물 제159호)

    왕벚나무는 우리나라가 원산지로 제주도와 전북특별자치도 대둔산에서만 자생하는 우리 고유의 특산종입니다. 과거에는 왕벚나무가 일본의 나라꽃으로 잘못 알려져 일부가 벌목되는 수난을 겪기도 했으나, 일본에는 왕벚나무의 자생지가 존재하지 않으며, 현재 일본에서 자라는 왕벚나무 또한 우리나라에서 도입된 것으로 추정됩니다.

    사려니 숲길에서 제주시 명림로 584에 위치한 봉개동 왕벚나무 자생지까지의 거리는 약 15km입니다.

– 제주 성읍리 느티나무 및 팽나무 군(천연기념물 제161호)

　서귀포시 표선면 성읍정의현로 56번길에 위치한 제주 성읍리 느티나무 및 팽나무 군은 마을 전체가 국가민속문화유산으로 지정된 곳으로, 제주의 전통 마을 경관을 간직한 소중한 자연유산입니다.

　이곳에서는 일관헌(日觀軒) 주변에 느티나무 한 그루와 팽나무 일곱 그루가 함께 자라고 있으며, 나무들의 연령은 느티나무가 약 1,000년, 팽나무 일곱 그루는 약 600년으로 추정됩니다. 또한, 주변에는 생달나무 5그루, 아왜나무, 후박나무, 동백나무 등이 어우러져 천연 숲을 형성하고 있습니다.

　사려니 숲길에서 성읍리 느티나무 및 팽나무 군까지의 거리는 약 20km입니다.

여행길에 만난 나무 이야기

— 제주 수산리 곰솔(천연기념물 제441호)

제주시 애월읍 수산리 입구, 수산봉 남쪽 저수지 옆에 자리한 수산리 곰솔은 수령 약 400년으로 추정되는 역사 깊은 고목으로, 마을을 상징하는 귀한 나무입니다.

특히 겨울철, 이 곰솔의 상부에 눈이 덮이면 마치 백곰이 저수지의 물을 마시는 모습을 연상케 하여 지역 주민들에게 더욱 특별한 의미를 지니고 있습니다. 독특한 수형과 웅장한 자태로 문화적·경관적 가치가 높아 천연기념물로 지정되어 보호되고 있습니다.

사려니 숲길에서 수산리 곰솔까지의 거리는 약 27km입니다.

99. 너븐숭이 4.3 기념관(제주 제주시시 조천읍 북촌3길 3)

1948년 4월 3일 발생한 가슴 아픈 역사, 제주 4·3사건을 알리고, 이를 통해 평화와 인권의 중요성을 되새기는 교육의 장으로 활용하기 위해 건립된 너븐숭이 4·3기념관은 제주 올레길 19코스를 걷다 보면 만날 수 있는 역사적 장소입니다. 또한, 기념관 인근에는 제주 4·3유적지가 자리하고 있으며, 이곳에는 위령비, 애기무덤, 그리고 제주 출신 현기영 작가의 소설『순이삼촌』문학비가 세워져 있어, 문학과 역사를 통해 제주 4·3사건의 기억을 전하고 있습니다.

근교 추천	❶ 국립제주박물관(14km) ❷ 동화마을(17km) ❸ 노형수퍼마켓(25km) ❹ 고흐의정원(30km)
방문 정보	주차 : 무료 ｜ 입장료 : 무료 ｜ 관람시간 : 09:00~18:00 / 매월 둘째, 넷째 월요일 휴관

― 제주 도련동 귤나무류(천연기념물 제523호)

제주 도련동 귤나무류는 수령 100~200년, 높이 6~7m의 당유자, 병귤, 산귤, 진귤 등 4종류 6그루로 제주 재래종 감귤의 원형을 잘 보여주고 있습니다. 1973년 당유자나무 2그루, 산귤나무 2그루, 병귤나무 2그루 등 총 6그루가 제주도 기념물 제20호로 지정되었으며 생물학적, 역사적 가치가 인정되어 2011년 천연기념물 제523호로 승격 지정되었습니다.

너븐숭이 4.3기념관에서 제주시 도련 6길 21에 위치한 도련동 귤나무류까지의 거리는 약 12km입니다.

─ 제주 납읍리 난대림(천연기념물 제375호)

　제주 납읍리 난대림은 북제주군 애월읍 납읍 마을에 인접한 금산공원에 위치하고 있으며, 온난한 기후대에서 자생하는 식물들이 숲을 이루고 있습니다.

　이 숲을 구성하는 주요 수종으로는 후박나무, 생달나무, 식나무, 종가시나무, 아왜나무, 동백나무, 모밀잣밤나무 등이 있으며, 하층에는 자금우, 마삭줄, 송이 등이 자생하여 다층 구조의 울창한 생태계를 형성하고 있습니다.

　너븐숭이 4.3기념관에서 납읍리 난대림까지의 거리는 약 38km입니다.

여행길에 만난 나무 이야기

100. 제주 현대미술관(제주 제주시 저지14길 35)

제주 현대미술관은 제주의 독창적인 문화예술을 실현하기 위한 공간으로, 아름다운 자연환경이 보전된 중산간 마을인 저지리의 저지문화예술인마을 중심부에 자리하고 있습니다.

한국 근현대 미술을 대표하는 거장 김흥수 화백이 자신의 대표작을 무상으로 기증한 유일한 미술관으로, 그의 예술적 유산을 깊이 있게 조명하는 공간이기도 합니다. 또한, 제주의 자연과 문화예술이 조화를 이루며, 예술과 중산간의 고즈넉한 풍경을 함께 즐길 수 있는 곳입니다.

근교 추천 **❶** 한림공원(7.4km) **❷** 신창풍차해안도로(11km) **❸** 한담해안산책로(17km)
❹ 이호테우해변(30km)

방문 정보 **주차** : 무료 │ **입장료** : 어른 2,000원 어린이 500원 │ **관람시간** : 09:00~18:00 매주 월요일 휴관

— 제주 월령리 선인장 군락(천연기념물 제429호)

제주 월령리 선인장 군락은 해안 바위틈과 마을 돌담 주변에 넓게 분포한 독특한 식생지로, 멕시코 원산의 선인장이 쿠로시오 난류를 타고 유입되어 자생화된 것으로 추정됩니다. 이곳 주민들은 그 형태가 손바닥과 같다하여 '손바닥선인장'이라 부르며, 예로부터 마을 주민들이 쥐나 뱀의 침입을 막기 위해 마을 돌담에 옮겨 심어 월령리 마을 전체에 퍼진 것으로 알려져 있습니다.

제주 현대미술관에서 한림읍 월령리 359-3번지에 위치한 월령리 선인장 군락까지의 거리는 약 8.3km입니다.

여행길에 만난 나무 이야기

참고 문헌

- 한국민족문화대백과사전
- 나무위키
- 네이버 블로그
- 제주환경일보
- 브런치스토리
- 위키백과

이야깃거리가 있는, 특별한 사연을 가진 나무들

응? 나무가 세금을 낸다고? 천연기념물로 지정된 경상북도 예천군 금남리에 있는 팽나무 황목근은 우리나라에서 가장 많은 토지를 소유한 부자 나무입니다. 매년 종합 토지 소득세를 납부하고 한 번도 지방세를 체납하지 않은 모범 납세목으로 자산을 관리하기 위한 통장도 2개나 갖고 있으며, 마을 학생들에게 해마다 장학금도 지급하는 훌륭한 나무입니다. 이처럼 나이가 많고 수형이 좋은 대부분의 큰 나무들은 전해져 오는 이야기나 특별한 사연을 가진 경우가 많습니다. 인간의 탐욕을 꾸짖는 가슴 아픈 사연을 지닌 전주 삼천동 곰솔, 벼슬을 한 속리 정이품송과 용문사 은행나무, 죽음의 위기를 이겨내고 세계 기네스북에 등재된 안동 용계리 은행나무 등 좋은 나무들은 늘 우리의 생활과 밀접한 관계를 맺고 있으며 때론 귀한 가르침을 줍니다.

이 땅의 큰 나무들에 대한 관심과 애정

나무를 바라보는 일은 언제나 새롭습니다. 물론 은행나무와 이팝나무처럼 단풍이 절정일 때와 꽃이 만개한 시기에 맞춰가면 더 좋겠지만 나무들의 속살이 훤히 들여다보이는 한겨울에도 나무들의 자태는 충분히 매력적입니다. 좋은 나무들을 찾아 전국의 곳곳을 다니며 삼천리금수강산이란 말을 실감했습니다. 발길 닿는 어디든 너무 좋았고 오래도록 머물고 싶은 생각이 들었으며, 이렇게 아름다운 풍광과 풍경 조성을 위해 애쓰고 힘쓴 누군지 모를 사람들에게 감사했습니다. 특히 학술 및 관상적 가치가 높아 천연기념물로 지정된 나무들은 쉽게 발길이 떨어지지 않을 만큼 위엄을 갖춰 많은 것을 생각하고 돌아보게 합니다.

여행지 근처의 좋은 나무들을 찾는 사람들이 많아졌으면 좋겠습니다. 특히 초등 학생과 중고등학생 등 학생들이 많았으면 좋겠고 이 책을 쓰게 된 계기이기도 합니다. 물론 어느 학교나 생태와 환경교육을 중시하고 지도하고 있지만 가족 여행길에 나아가 근처의 좋은 나무를 찾아보는 일은 또 다른 의미에서 소중하고 값진 경험이지 않을까 싶습니다.

경기도교육청 지정 생태 체험학습장을 운영하며 맞는 표현인지는 모르겠으나 숲으로부터 우리의 삶을 들여다보고 자연이 가르쳐 주는 위대한 삶의 지혜를 배우는 일을 생태숲 나무 인문학이라고 정의하고 가르쳤습니다. 나이테가 나무가 자라온 삶의 흔적을 새기는 자리라면 나무 곁에 머물며 나무가 전해주는 이야기에 귀 기울임은 사람다움의 무늬를 새기는 일이기도 하겠지요.
우리의 날숨은 나무의 들숨이 되고, 나무의 날숨은 우리에겐 들숨이 됩니다. 이처럼 특별하고 소중한 나무와의 교감을 통해 생명에 대한 존중과 사랑을 배우고, 그래서 나무를 찾고 나무가 전해주는 이야기를 듣는 일이 우리의 미래를 위해 우리가 해야 할 꼭 필요한 일임을 많은 사람들이 공감해 주길 기대합니다.

여행길에 만난 나무들의 좋은 친구가 되어 주세요.